Audi-Dissertationsreihe, Band 111

Leibniz Universität Hannover

Highspeed Stereo-Endoskopie für eng begrenzte Messvolumina

Von der Fakultät für Bauingenieurwesen und Geodäsie
der Gottfried Wilhelm Leibniz Universität Hannover
zur Erlangung des Grades

Doktor-Ingenieur (Dr.-Ing.)

genehmigte Dissertation
von

Dipl.-Ing. Christina Steiner

Hannover 2015

Prüfungskommission:

Vorsitz:	Prof. Dr.-Ing. Winrich Voß
Referent:	Prof. Dr.-Ing. Christian Heipke
Korreferenten:	Prof. Dr.-Ing. Ingo Neumann
	Prof. Dr.-Ing. Stefan Hinz

Tag der mündlichen Prüfung: 17. Juli 2015

Bibliografische Information der Deutschen Nationalbibliothek
Die Deutsche Nationalbibliothek verzeichnet diese Publikation in der
Deutschen Nationalbibliografie; detaillierte bibliografische Daten sind im Internet
über http://dnb.d-nb.de abrufbar.
1. Aufl. - Göttingen: Cuvillier, 2015
Zugl.: Hannover, Univ., Diss., 2015

Diese Arbeit ist zusätzlich veröffentlicht in:
Wissenschaftliche Arbeiten der Fachrichtung Geodäsie und Geoinformatik
der Leibniz Universität Hannover.
ISSN 0174-1454, Nr. 317

Nonnenstieg 8, 37075 Göttingen
Telefon: 0551-54724-0
Telefax: 0551-54724-21
www.cuvillier.de

1. Auflage, 2015
Gedruckt auf umweltfreundlichem, säurefreiem Papier aus nachhaltiger Forstwirtschaft.

ISBN 978-3-7369-9128-6
eISBN 978-3-7369-8128-7

Zusammenfassung

Die photogrammetrische Auswertung von Crashversuchen über stationäre Kameras von außen ist eine etablierte Methode zur Analyse von Fahrzeug- und Dummybewegungen und liefert dabei wichtige Informationen zur Beurteilung virtueller Berechnungsmodelle. Für eine zuverlässige Validierung der Modelle ist es von Bedeutung, auch die Vorgänge im Inneren des Fahrzeugs über mitfahrende Kameras auszuwerten. Dies wird bisher jedoch kaum photogrammetrisch durchgeführt. Durch ständige Bewegungen und die Deformation des Fahrzeugs sind keine stabilen Verhältnisse im Aufnahmesystem (innere Orientierung) garantiert und kaum Möglichkeiten vorhanden, das Aufnahmesystem im Objektraum zu referenzieren (äußere Orientierung). Zusätzlich schränken beengte Platzverhältnisse den Einsatz mitfahrender Kameras ein. In dieser Arbeit wird ein System vorgestellt, das es ermöglicht, präzise Messungen von Strecken und Abständen im Fahrzeuginnenraum während eines Crashversuchs durchzuführen. Zu diesem Zweck werden zwei Glasfaserendoskope an Onboard-Hochgeschwindigkeitskameras angeschlossen und als Stereomesssystem eingesetzt. Das System bietet durch seine Flexibilität, den geringen eigenen Platzbedarf sowie Bildfrequenzen bis zu 1000 Bildern pro Sekunde ein breites Einsatzspektrum. Es ermöglicht als mitfahrendes Messsystem das präzise Messen von dreidimensionalen Bewegungsvorgängen und erschließt damit neue Möglichkeiten für die Analyse von Crashversuchen. Nach der Bestimmung der Abbildungsgeometrie der Glasfaserendoskope durch Kalibrierung werden in einem Sicherheitsversuch die generelle Eignung des Aufnahmesystems als Stereomesssystem und die Stabilität der inneren Orientierung untersucht. Dabei werden Erkenntnisse über die erreichbaren Messgenauigkeiten gewonnen. Der zweite Test wird im Rahmen eines Fahrzeugsicherheitsversuchs durchgeführt und zeigt auf, welche Herausforderungen an das Messsystem durch die realen Versuchsbedingungen gestellt werden. In den Auswertungen ist zu sehen, dass eine Relativbewegung zwischen Kamera und Endoskop-Okular die Messgenauigkeit durch die Verschiebung des Bildhauptpunktes stark beeinträchtigt. Um diese Auswirkungen zu minimieren, wird eine Methode entwickelt, die es ermöglicht die Verschiebung des Bildhauptpunktes zu korrigieren. Dafür wird ausgenutzt, dass die Verschiebung zwischen Endoskop-Okular und Sensor in einer Bewegung des kreisförmigen Endoskopausschnitts im Bild sichtbar wird. Bei konstanter relativer Orientierung der beiden Endoskopspitzen zueinander liefert die Korrekturmethode entsprechend hohe Genauigkeiten für die Streckenmessung. Ist eine ausreicende Beleuchtung des Objektbereichs und damit eine gute Bildqualität gewährleistet, ermöglicht das entworfene Stereomesssystem die Messung von Relativmaßen mit einer Genauigkeit von 1-2 mm. Damit steht ein Messsystem zur Verfügung, das vielseitig einsetzbar ist und hohe Genauigkeit für die Messung von Strecken bietet, selbst unter hochdynamischen Bedingungen.

Stichworte: Photogrammetrie, Hochgeschwindigkeitskameras, Endoskopie

Summary

The photogrammetric analysis of crash tests is an established method to determine the movement of the vehicle and the crash test dummies. In doing so, it provides valuable information for the validation of virtual computing models. To improve the validation, it is also important to do photogrammetric analysis inside of the car via on-board high-speed cameras. However, this approach is currently almost never used. Due to the permanent movement and the deformation of the car during the test, there are no guaranteed static reference conditions for the camera system (interior orientation) and few possibilities to calculate the exterior orientation. Besides, the lack of space inside of a car makes it difficult to install cameras at every favoured location.

In this thesis, a system is introduced that makes it possible to do precise measurement of distances inside a car during a crash test. For this purpose, two glass fibre endoscopes are connected with high-speed cameras and used as a stereoscopic system. The system enables a wide range of applications through its flexibility, minimal space requirements and frame rates up to 1000 frames per second. As an on-board system, it enables the measurement of three-dimensional movements and therefore opens up many new analysing possibilities.

After calculating the imaging geometry of the glass fibre via calibration, the general suitability of the system to perform as a stereo system and the steadiness of the interior orientation is examined in a sled test. This offers initial indications of the possible accuracy of the measurements. The second test is performed as a crash test and shows which challenges await the endoscopic system in a real test. In the results, it can be seen that there is a relative movement between the camera and the endoscope. This strongly limits the accuracy of the measurements due to the displacement of the principal point. To minimize these effects, a method is introduced that corrects the displacement of the principal point by post-processing of the measured image coordinates. The post-processing is possible because the displacement between the camera and the sensor is visible as a movement of the circular endoscope cut-out across the main camera image.

The tests performed show that the most reliable results are obtained when the exterior orientations of the endoscopes can be calculated for each test image. If a constant relative orientation of the two endoscopes is possible, the correction method also provides a high degree of accuracy for distance measurements. If sufficient illumination of the object and thus a good image quality can be ensured, the stereo system described in this thesis allows the measurement of relative distances with an accuracy of 1-2 mm. This is a measurement system that is versatile and offers a high accuracy for the measurement of relative distances, even under highly dynamic conditions.

Keywords: photogrammetry, highspeed cameras, endoscopy

Inhaltsverzeichnis

Abkürzungen

3D	Dreidimensional
i.O.	Innere Orientierung
JPG/JPEG	Komprimiertes Bilder-Format
MIS	Minimal Invasive Surgery
Stabw	Standardabweichung
USNCAP	United States New Car Assessment Program
AVI	Audio Video Interleave (Video Container Format)
ä.O.	Äußere Orientierung
C-Mount	Genormter Gewindeanschluss für Kameraobjektive
CV	Computer Vision
DGZfP	Deutsche Gesellschaft für Zerstörungsfreie Prüfung
DOT	DOT-Marker (Einpunkt)
GX-5	Typbezeichnung einer beschleunigungsresistenten Highspeedkamera der Firma NAC
MXT	Abkürzung für Punktmarker mit 5 oder 6 weißen Punkten auf schwarzem Hintergrund. Benannt nach Identifikationsalgorithmus.
ToF	Time-of-Flight

1 Einleitung

1.1 Motivation und Ziel der Arbeit

Die Dokumentation und Auswertung von hochdynamischen Prozessen mit Hilfe von Highspeedkameras gehört in der Fahrzeugsicherheit der Automobilhersteller seit Jahren zum täglichen Geschäft. Moderne Kameras leisten Aufnahmefrequenzen von über 1000 Hz, die es ermöglichen, die schnellen und komplexen Bewegungen in einem Crashtest aufzuzeichnen und mit Methoden der Bildverarbeitung und Photogrammetrie auszuwerten. Die Analyse der Bildsequenzen und die Untersuchung des abgerüsteten Fahrzeugs geben Aufschluss über dessen Zustand und das Verhalten verschiedener Bauteile während eines Crashs. Diese photogrammetrischen Daten und Bildsequenzen werden zum Abgleich mit vorher virtuell durchgeführten Crashtests verwendet (Raguse et al. 2005) und sind damit ein wichtiger Beitrag zur Entwicklung von Fahrzeugen.

Diese Highspeedkameras werden zum Aufzeichnen des Crashvorgangs von außen als so genannte stationäre (offboard) Kameras, aber auch zum Überwachen des Innenraums als mitfahrende (onboard) Kameras genutzt. Während die photogrammetrische Auswertung von offboard Bildsequenzen bereits eine etablierte Methode zur präzisen Messung von Fahrzeugbewegungen darstellt, ist diese Anwendung für onboard erzeugte Bildsequenzen noch neu. Der Hauptgrund, weshalb die photogrammetrische Messung bei mitfahrenden Systemen bisher kaum eingesetzt wird, sind die Deformationen und Bewegungen, denen zu beobachtende Objekte und Aufnahmesysteme in einem Crashtest unterliegen. Durch diese ständigen Veränderungen sind keine stabilen Verhältnisse im Aufnahmesystem (innere Orientierung) zu garantieren und kaum Möglichkeiten vorhanden, das Aufnahmesystem im Objektraum zu referenzieren (äußere Orientierung). Zusätzlich erschweren beengte Platzverhältnisse die präzise Messung von Trajektorien.

In dieser Arbeit wird ein neues Verfahren beschrieben, um das Potential und die Möglichkeit von mitfahrenden Kameras zu nutzen. Diese geben Einblick in Bereiche des Fahrzeugs, die von außen nicht einsehbar sind. Deformationen des Motorraums oder die bei einem Seitencrash entstehenden Verformungen des Türinnenraums lassen sich nicht von außen beobachten oder nach dem Crash beim Abrüsten des Fahrzeugs analysieren, denn es fehlen entscheidende Informationen über den Entstehungsprozess und den Deformationsvorgang selbst. Diese Details können jedoch maßgeblich sein, wenn es darum geht, Maßnahmen zu definieren, um das Deformationsverhalten von Bauteilen zu verändern. Könnten diese Vorgänge auch quantitativ erfasst werden, bspw. durch das Messen von Abständen im Fußraum, um so den verbleibenden Bauraum für die Insassen zu erfassen, wäre das ein entscheidender Entwicklungsbeitrag. Diese Informationen können für virtuelle Insassenschutzmodelle genutzt werden, deren Prognosegüte dadurch deutlich verbessert werden würde.

Obwohl mitfahrende Kameras immer kleiner werden, können sie aufgrund technischer Notwendigkeiten, wie stabiler, crashfester Körper, Belüftung und Aufzeichnungseinheit, eine gewisse Mindestgröße kaum unterschreiten. Durch ihre Größe, Form und Befestigungsmöglichkeiten sind sie damit nicht in allen Fahrzeugbereichen einsetzbar.

Auf Grund dieser Gegebenheiten werden im Rahmen der vorliegenden Dissertation Möglichkeiten untersucht, Glasfaserendoskope während eines Crashtests zur Bildaufzeichnung und Bildanalyse einzusetzen. Aufgrund des geringen Durchmessers und des flexiblen Schlauches lassen sich Endoskope an schwer zugängliche Stellen bringen und sind auch in engen Hohlräumen einsetzbar. Im Endoskop integrierte Lichtleiter sorgen dafür, dass der zu beobachtende Bereich ausreichend beleuchtet werden kann. Sie bieten damit einen entscheidenden Vorteil gegenüber herkömmlichen Kameras und Objektiven. Der Einsatz von flexiblen Glasfaserendoskopen unter solchen hochdynamischen Bedingungen ist neu. Die Schaffung eines Stereomesssystems, das geeignet ist, präzise photogrammetrische Messungen im Fahrzeug während eines Crashs durchzuführen und das die Vorteile der flexiblen Faserbildleiter mitbringt, erschließt für die Analyse von Crashversuchen völlig neue Möglichkeiten.

Ziel dieser Arbeit ist es, mit Hilfe von Glasfaserendoskopen, die vorrangig zur statischen Betrachtung von Objekten genutzt werden, ein Stereomesssystem zur Analyse von hochdynamischen Prozessen im Bereich der Fahrzeugsicherheit zu entwickeln. Dieses Messsystem soll mitfahrend im Crashfahrzeug, und damit unter erschwerten Umgebungsbedingungen, das präzise Messen von dreidimensionalen Bewegungsvorgängen ermöglichen. Im Rahmen der in dieser Arbeit beschriebenen Untersuchungen soll das Genauigkeitspotential dieses neuen Messsystems ermittelt werden sowie ggf. notwendige Verbesserungen für den Einsatz der Endoskope aufgezeigt werden. Dabei werden die besonderen Eigenschaften von Faserbildleitern berücksichtigt. Für die durchzuführenden Messungen liegt der Fokus vor allem auf Relativbewegungen von Fahrzeug und Fahrzeugteilen. Das Messsystem muss ein Messvolumen von $10 \cdot 10 \cdot 10$ m³ bis $50 \cdot 50 \cdot 50$ m³ abdecken. Als Maß für die zu erreichende innere Genauigkeit wird eine maximale Abweichung der berechneten 3D-Relativbewegung (Distanz) von 5 mm angestrebt. Eine Vorgabe, die an die zu beobachtenden Objekte gestellt wird, ist, dass sich diese durch Punktmarken signalisieren lassen. Die Untersuchungen betrachten die Abbildungseigenschaften der Endoskope. In dynamischen Versuchen werden Stabilität und Messgenauigkeit des Stereomesssystems geprüft sowie Möglichkeiten zur Steigerung der Messgenauigkeit untersucht.

1.2 Gliederung der Arbeit

Um die durchgeführten Analysen und Ergebnisse zu beschreiben, ist die vorliegende Arbeit in sechs Kapitel gegliedert.

Im Anschluss an das vorliegende Kapitel werden in einem zweiten Kapitel die Anforderungen das neue Messverfahren definiert. Hierbei wird zwischen dem eigentlichen Messsystem und den Anforderungen an die Auswertung unterschieden. Im Anschluss werden die Grundlagen zu den Bereichen Endoskopie, Kamera und geometrische Kalibrierung zusammengefasst und bilden damit die fachliche Basis für die durchgeführten Untersuchungen und die daraus ermittelten Erkenntnisse. Ein Überblick über den aktuellen Stand der Wissenschaft und Technik beschreibt Forschungs- und Einsatzbereiche der Endoskopie in Medizin und Technik sowie Verfahren zur Optimierung der Bildqualität von Endoskopaufnahmen. Eine Zusammenfassung und Bewertung der einschlägigen Literatur setzt die eigenen durchgeführten Untersuchungen in einen wissenschaftlichen Kontext.

Kapitel drei beschreibt zu Beginn, wie die Anforderungen an das Messsystem und die Auswertung realisiert werden sollen. Danach werden die einzelnen Komponenten erläutert, aus denen sich das für die Untersuchungen entwickelte Messsystem zusammensetzt. Dies umfasst die Kameras und die beiden Endoskope. Eine Genauigkeitsabschätzung prüft den geplanten Versuchsaufbau und vermittelt erste Eindrücke der zu erreichenden Genauigkeit.

In Kapitel vier werden die Konzepte und Ziele der durchgeführten Untersuchungen und Versuchsaufbauten beschrieben. Zuerst werden die Abbildungseigenschaften der Endoskope untersucht. In einer zweiten Stufe werden die Endoskope als Stereomesssystem in dynamischen Versuchen eingesetzt. Dabei liegt der Fokus auf der Stabilität der inneren Orientierung der Aufnahmesysteme und der erreichbaren Genauigkeit.

In Kapitel fünf werden die auf dieser Grundlage ermittelten Ergebnisse, erste Verbesserungspotentiale und eine Lösungsmöglichkeit vorgestellt. Die Bewertung der Ergebnisse und die daraus gezogenen Schlussfolgerungen folgen in Kapitel sechs.

Eine abschließende Zusammenfassung der durchgeführten Experimente und der daraus gewonnenen Erkenntnisse werden im sechsten Kapitel beschrieben. Ein Ausblick zeigt weitere Untersuchungs- und Optimierungsbedarfe auf.

2 Stand der Wissenschaft und Technik

Im Zuge dieser Arbeit soll ein Messsystem entwickelt werden, das es ermöglicht, Relativbewegung im Fahrzeug während eines Crashs mit einer vorgegebenen Mindestgenauigkeit zu messen. Im folgenden Kapitel werden dazu die Anforderungen beschrieben, die an das neue Messsystem und die Auswertung gestellt werden.

Vor diesem Hintergrund werden anschließend bestehende Messverfahren, Systeme und Anwendungen der Endoskopie vorgestellt. Hierbei wird auf die Unterschiede von flexiblen und starren Endoskopen und auf die Besonderheiten sogenannter Highspeedkameras eingegangen. Außerdem werden die verschiedenen im Gebiet der Computer Vision und Photogrammetrie vorhandenen Berechnungsverfahren zur Bestimmung der inneren und äußeren Orientierung von Objektiven und das für diese Arbeit gewählte Verfahren vorgestellt. Weiterhin wird ein Überblick über die bisher vorhandenen Forschungen und Anwendungen im Bereich der medizinischen und technischen Endoskopie gegeben und auf die Aspekte der Bildoptimierung und Kalibrierung bei Endoskopen eingegangen.

Zuletzt werden die verfügbaren Verfahren im Hinblick auf die vorliegenden Anforderungen bewertet.

2.1 Anforderungen an ein neues System

2.1.1 Anforderungen an das Messsystem

Das neu zu entwickelnde Messsystem muss in der Lage sein, relative, dreidimensionale Bewegungen während eines Crashversuchs als onboard Stereomesssystem mit einer Präzision von unter 5 mm zu bestimmen. Dabei muss es ein Messvolumen von $10 \cdot 10 \cdot 10$ m^3 bis $50 \cdot 50 \cdot 50$ m^3 abdecken können, um verschiedene Anwendungsbereiche im Fahrzeug zu erschließen. Mit diesem Messvolumen ist es sowohl geeignet, in engen Fahrzeugbereichen, relativ nah am zu beobachtenden Objekt, angebracht zu werden, eignet sich jedoch auch für großvolumige Bereiche wie den Fußraum. Um diese Flexibilität zu ermöglichen, bedarf es einer kompakten und platzsparenden Bauform des Messsystems. Die Abmessungen des

Gesamtaufbaus der beiden starr befestigten Endoskopspitzen sollen nicht höher 3 cm und nicht breiter als 10 cm sein, um den Messkopf auch im Türinnenraum oder Motorraum platzieren zu können. Bei solchen Anwendungen stehen für den Verbau von Kameras nur wenige Zentimeter zur Verfügung, wofür herkömmliche Highspeed onboard Kameras zu groß sind. Bei der zulässigen Breite muss der Mindestabstand beachtet werden, den die beiden Endoskope haben müssen, um eine ausreichend große Basis für die geforderte Genauigkeit der Stereoauswertung zu haben. Ebenso wichtig für eine präzise Messung in Stereobildern ist, dass die Bildpaare absolut synchron aufgenommen werden.

Üblicherweise werden die Bildaufnahmen von Sicherheitsversuchen mit einer Bildfrequenz von 1000 Bildern/s erstellt. Diese Frequenz ist notwendig, um die schnellen Bewegungsvorgänge eines Crash zu erfassen und die Bewegungsunschärfe möglichst gering zu halten. Um diesen Anspruch zu erfüllen, muss auch das Messsystem in der Lage sein, Bildfrequenzen von mindestens 1000 Bildern/s aufnehmen zu können.

Da das Messsystem im operativen Betrieb im Prüffeld der Fahrzeugsicherheit einsetzbar sein soll, werden auch hierfür Anforderungen an das Messsystem gestellt. Dabei geht es zum Beispiel um Befestigungsmöglichkeiten des Messsystems im Fahrzeug, vor allem aber um bereits im Prüffeld vorhandene Technologien wie Beleuchtung und Kameras. Diese sollten nach Möglichkeit genutzt werden, um Zusatzaufwände bei Beschaffung und Anwendung im Tagesgeschäft zu vermeiden.

2.1.2 Anforderungen an die Auswertung

Die photogrammetrische Auswertung der Stereo-Aufnahmen muss es ermöglichen, aus den in den beiden Endoskop-Aufnahmen gemessenen Bildpunkten die 3D-Objektkoordinaten zu bestimmen. Daraus können anschließend die Relativbewegungen der gemessenen Punkte berechnet werden. Für die Bestimmung präziser 3D-Bewegungen ist die Kenntnis der inneren und äußeren Orientierung des Messsystems wichtig.

Um Abbildungseigenschaften des Messsystems bestimmen zu können, muss die zur geometrischen Kalibrierung notwendige Berechnungsmethode in der Software implementiert und geeignet sein, die Abbildungsgeometrie des neuen Messsystems hinreichend genau zu beschreiben. Gleichzeitig muss die Auswertesoftware, mit der später die Messungen vorgenommen werden, in der Lage sein, die Parameter der inneren Orientierung der Aufnahmesysteme rechnerisch bei den Messungen zu berücksichtigen.

In der Regel wird es nicht möglich sein, im beobachteten Objektbereich ein stabiles Passpunktfeld für die Berechnung der äußeren Orientierung einzurichten. Daher muss eine Methode gefunden werden, die relative Orientierung der beiden Endoskopspitzen zueinander zu bestimmen und konstant zu halten. Solche Methoden und auch entsprechende Auswertungen sind in bestehenden offboard Messsystemen verschiedener Anbieter bereits realisiert.

In diesem Anwendungsbereich ist deren Einsatz jedoch nicht praktikabel. Wie bereits bei den Anforderungen an das Messsystem beschrieben, ist nur eine eingeschränkte Baugröße zulässig. Bestehende Systeme sind dafür zu groß.

Bei der Messung der Bildkoordinaten werden die genauesten Ergebnisse erzielt, wenn die Punkte durch Marken signalisiert sind. Neben einer Vorbereitung des Objektbereichs durch das Anbringen von Markern, muss auch die Auswertesoftware Algorithmen anbieten, die es ermöglichen, diese Marker im Bild automatisch zu detektieren und deren Position zu messen.

Das neue Messsystem wird zusammen mit anderen onboard Kameras im Fahrzeug betrieben. Die erzeugten Bildaufnahmen werden nach dem Versuch aus den Speichern der Kameras ausgelesen und anschließend den Anwendern zur Verfügung gestellt. Die gesamte Auswertung kann demnach offline erfolgen.

Bei der Auswertung gilt es aus wirtschaftlichen Gründen, ähnlich wie bei der verwendeten Technologie, nach Möglichkeit Software und Tools zu nutzen, die bereits für die photogrammetrische Analyse von Bildaufnahmen genutzt werden. Dies würde die Akzeptanz des Messsystems erhöhen und die entstehenden Zusatzaufwände gering halten.

2.2 Technischer Hintergrund

Nach der vorhergehenden Definition der Messsystem-Anforderungen werden im folgenden Abschnitt die technischen Hintergründe zu Endoskopen und Kameratechnik sowie zur geometrischen Kalibrierung vorgestellt. Dadurch wird die technische Basis für die in Kapitel 3.2 folgende Wahl der verwendeten Komponenten des Messsystems gelegt.

2.2.1 Endoskopie

Grundsätzlich wird in der Endoskopie zwischen starren und flexiblen Endoskopen unterschieden. Zu den starren Endoskopen zählen die Boreskope oder Periskope, zu den flexiblen und steuerbaren Endoskopen gehören die Faserendoskope. Die Unterschiede, sowie die jeweils spezifischen Eigenschaften der beiden Unterarten werden im vorliegenden Kapitel beschrieben.

2.2.1.1 Starre Endoskope

Einfach beschrieben kann gesagt werden, dass starre Endoskope aus einem Rohr bestehen, an dessen vorderem Ende ein Objektiv zur Vergrößerung des Sichtfeldes befestigt ist (Reling 1988). Das dort erzeugte Bild wird über ein Linsensystem, dem sogenannten

Umkehrsystem, zum Okular transportiert. Das Umkehrsystem überträgt dabei über mehrere nacheinander geschaltete Linsen das reelle Bild über mehrere Zwischenbildebenen in die letzte Zwischenbildebene, wo das virtuelle Bild mit bloßem Auge oder einem Kameraobjektiv betrachtet werden kann. Die Bezeichnung „Umkehrsystem" leitet sich aus dem Effekt eines jeden Objektivs ab, das Bild bei der Übertragung „umzukehren". Je länger das Endoskop ist, desto mehr Umkehrsysteme werden benötigt (RELING 1988). Diese optischen Systeme von starren Endoskopen gibt es in zwei Ausführungen, dem konventionellen Umkehrsystem aus mehreren Objektiven oder einem System, bestehend aus sog. Stablinsen.

Neben dem prinzipiellen Aufbau von starren Endoskopen werden für verschiedene Anwendungsgebiete verschiedene Anpassungen des Aufbaus und der Optik vorgenommen. Einen Überblick über medizinische Anwendungsgebiete gibt KILIAN (2005).

2.2.1.2 Flexible Endoskope

Der Unterschied zu starren Endoskopen besteht vor allem darin, dass das Bild zwischen Objektiv und Okular nicht durch Linsen, sondern durch ein Bündel von Fasern übertragen wird. Dieser sogenannte Lichtwellenleiter ist ein beweglicher „Schlauch" und besteht aus einem geordneten Glas- oder Quarzfaserbündel, das wiederum je nach Typ aus ein paar Tausend bis über 100.000 einzelnen Glasfaserleitungen besteht (RELING 1988). Der Vorteil der Glasfaserendoskope gegenüber den starren Systemen liegt vor allem in ihrer Flexibilität und Steuerbarkeit. Die Endoskopspitze kann durch eingebaute Seilzüge gedreht und abgewinkelt werden, um die gewünschten Bereiche zu erreichen.

Die Anzahl der Fasern bestimmt die Bildauflösung, also die Detailerkennbarkeit. Trotz Faserdurchmessern von unter 10 µm und der hohen Anzahl bleibt die Darstellung ein Rasterbild mit geringerem optischen Auflösungsvermögen als bei starren Endoskopen. Jede Faser überträgt einen einzelnen Lichtpunkt mit einer Helligkeitsinformation (POTT 2004). Um demnach ein vollständiges Bild zu erhalten, müssen viele Fasern zu einem Bündel zusammengeschlossen werden. Diese zerlegen an der Objektivseite das Bild in viele Einzelpunkte, um sie anschließend auf der Okularseite mosaikartig wieder zusammenzusetzen (RELING 1988). Bei Bildleitern, wie flexiblen Endoskopen, die die Bildpunkte simultan übertragen, ist es entscheidend, dass die Anordnung der Glasfasern an beiden Enden des Schlauches identisch ist (vgl. Abbildung 2.1) (JANSSEN 2000). Bei nicht identischer Sortierung ist eine Herstellung des Bildes nur mit viel Aufwand herzustellen.

Beim Aufbau von solchen Glas- oder Quarzfasern wird im Allgemeinen zwischen dem Aufbau der Fasern und der Anzahl der übertragbaren Moden unterschieden. Bei letzterem teilen sich die Fasern in Monomode- und Multimode-Fasern. Bei Multimodefasern können bis zu 1000 Moden übertragen werden, wobei es durch Interferenzeffekte der mehrfach reflektierten Lichtwellen zu einer Auswahl von gut übertragbaren Lichtwellen kommt (vgl. BRÖCHER

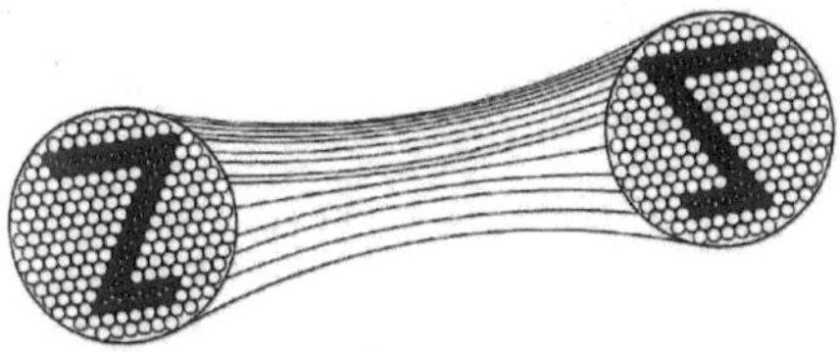

Abbildung 2.1: Identische Anordnung der Glasfasern im Bündel (STORZ 2010)

2000). Bei Monomodefasern wird nur eine Mode übertragen.

Beim Aufbau der Fasern wird zwischen Stufenindexfasern und Gradientenfasern unterschieden. Bei Gradientenfasern nimmt der Brechungsindex nach außen hin kontinuierlich ab, wodurch die Strahlen sinusförmig weitergeleitet werden. Sie werden vor allem in der Datenkommunikation eingesetzt.

Bei Stufenindexfasern gibt es einen sprunghaften Übergang des Brechungsindexes zwischen Kern und Mantel. Die Faser besteht dabei aus dem Kernglas und einer dünnen Schicht Mantelglas, welche das Kernglas umgibt. Charakteristisch weist bei Stufenindexfasern der Mantel einen geringeren Brechungsindex n_M auf als der Faserkern n_K, wodurch die Reflexion an der Mantelschicht ermöglicht wird. Wie in Abbildung 2.2 dargestellt, wird das einfallende Licht durch den sprunghaften Übergang (Stufe) zwischen den Materialien durch Totalreflexion an der Grenzschicht im Kern gehalten.

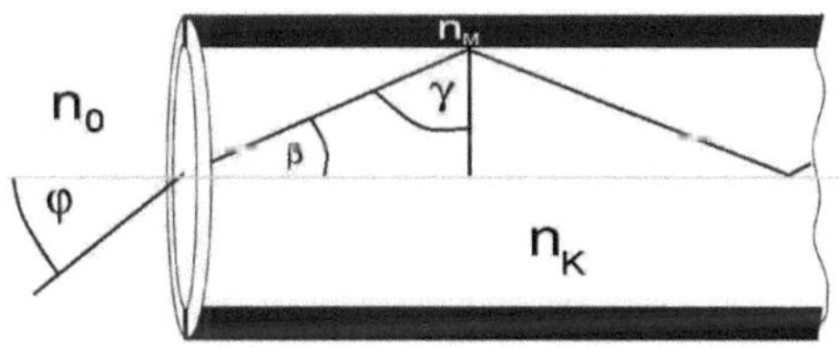

Abbildung 2.2: Lichtweg im Faserkern (nach JANSSEN (2000) verändert)

Es wird allerdings nur Licht geführt, wenn der einfallende Winkel γ den kritischen Winkel γ_c überschreitet. Der kritische Winkel γ_c ergibt sich nach dem Snelliusschen Brechnungsgesetz aus $\gamma_c = arcsin\,(n_M/n_K)$. Ist φ der größte Einfallswinkel (Akzeptanzwinkel), der noch totalreflektiert wird, so gilt nach (YOUNG 1997):

$$n_0\,sin\varphi = n_K\,sin\beta = n_K\,cos\gamma_c \qquad (2.1)$$

Dabei ist n_0 der Brechungsindex des Mediums, aus dem der Lichtstrahl kommt. Bei Luft ist $n_0 \approx 1$.

Die Lichtdurchlässigkeit des Glasfaserbündels ist für die Anwendung in der Bildverarbeitung ein wichtiger Faktor. Einschränkend wirken hier vor allem drei Faktoren (EHRBÄCHER 1999):

Transmissionsvermögen

Das Transmissionsvermögen τ einer Faser wird durch Absorptionsverluste im Kern, durch Fresnellsche Beugungsverluste und durch die hohe Anzahl an Totalreflexionen begrenzt. Die Totalreflexion ist zwar nahezu verlustfrei, aber Störungen in der Struktur der Grenzschicht und Absorption im Mantel können zu Verlusten in der Größenordnung von bis zu 0,1% führen. Mit zunehmender Länge der Glasfaser erhöht sich die Anzahl der Einzelreflexionen, womit sich der Gesamtverlust vergrößert.

Mantelfläche

Für den Lichttransport ist die Mantelfläche, die jede Glasfaser umgibt, nicht nutzbar. Dies wird durch die Wabenstruktur deutlich, die charakteristisch für Endoskopaufnahmen ist (vgl. Abbildung 2.3). Die Mantelfläche sollte im Vergleich zum Faserkern also sehr dünn sein, um den nicht nutzbaren Bereich möglichst gering zu halten, aber gleichzeitig dick genug, um ein Eindringen des Lichtstrahls in eine Nachbarfaser zu verhindern.

Abbildung 2.3: Wabenstruktur eines durch Glasfasern übertragenen Bildes

Packungsfaktor

Bei der Packungsart der Glasfasern kann zwischen der Quadratpackung und der dichteren Dreieckspackung unterschieden werden (vgl. Abbildung 2.4). Für möglichst geringe Lichtverluste durch nicht genutzt Bereiche zwischen den Fasern und hohe Auflösung ist eine hohe Packungsdichte erforderlich, wofür sich die Dreieckspackung am besten eignet.

Ebenfalls in die Kategorie der flexiblen Endoskope fallen die sogenannten Videoendoskope oder elektronischen Endoskope. Dabei ist an der Endoskopspitze ein CCD Sensor zur Aufzeichnung von Bildern und Videos angebracht. Der flexible Schlauch hat dabei keinerlei

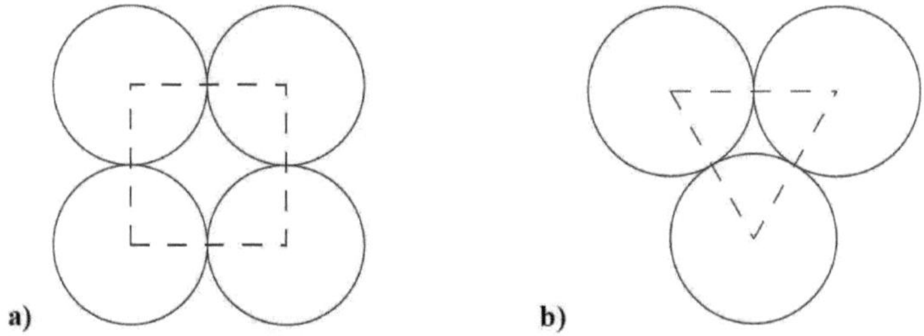

Abbildung 2.4: Packungsarten bei Glasfasern a) Quadratpackung b) Dreieckspackung (vgl. EHRBÄCHER 1999)

Einfluss auf die Bildqualität und dient ausschließlich der Steuerung und der Datenübertragung. Für die in dieser Arbeit durchgeführten Untersuchungen sind diese elektronischen Endoskope nicht geeignet, da die aktuelle Technik keine Hochgeschwindigkeitsaufnahmen über 500 Hz bieten.

2.2.1.3 Bildeffekte bei flexiblen Endoskopen

Wabenstruktur

Wie im vorhergehenden Abschnitt erwähnt, ist die durch die Packungsart verursachte Wabenstruktur charakteristisch für die Aufnahmen mit einem flexiblen Endoskop. Diese Wabenstruktur kann als ein Teil der Abbildung betrachtet werden. Methoden zur Beseitigung dieser Wabenstruktur in den Aufnahmen sind in Abschnitt 2.3.2 beschrieben.

Fehler in der Faserfertigung

Sind die Fasern eines Lichtwellenleiters nicht an beiden Enden identisch angeordnet, werden einzelne Bildpunkte nicht an die richtige Position übertragen. Fehler in der Faseranordnung können verschiedene Ursachen haben. Durch eine fehlerhafte Sortierung liegen die korrekten Glasfasern nicht mehr nebeneinander. Es gibt aber auch Abweichungen in der Faserfertigung, so dass die Durchmesser einzelner Fasern an beiden Enden unterschiedlich groß sind und somit die Bildpunkte nicht alle gleich groß abgebildet werden.

Eine Aufdeckungsmöglichkeit für grobe Fehler ist die Aufnahme von Farbverläufen, wie in Abbildung 2.5 dargestellt. Sind Fasern nicht identisch angeordnet, ist das durch falsche Farbwiedergabe aufzudecken. Dann wird bspw. ein blauer Lichtpunkt im gelben Farbbereich abgebildet. Um zufällige Übereinstimmungen auszuschließen, sollte dieser Farbverlauf aus verschiedenen Perspektiven abgebildet werden. Die dargestellte Abbildung des Farbverlaufs wurde mit einem gebrauchten Glasfaserendoskop aufgenommen. Dabei sind in dem Bild einzelne schwarze Punkte zu erkennen. Dies sind sogenannte blinde Fasern, die auf Grund von Beschädigungen keine Bildinformation mehr übertragen.

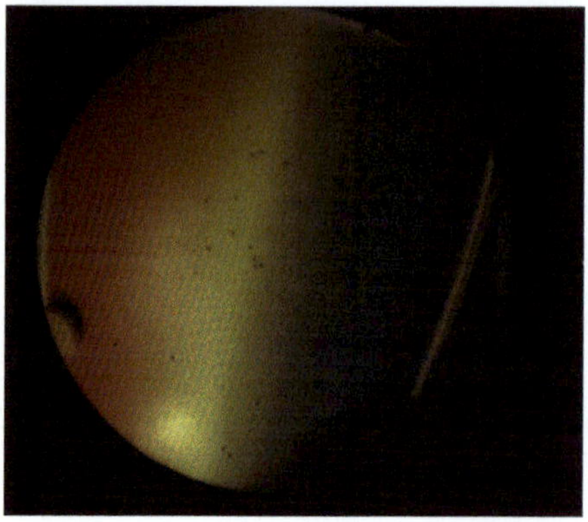

Abbildung 2.5: Aufnahme eines Farbverlaufs mit Hilfe eines flexiblen Endoskops

Bei hochwertigen und teuren Systemen werden solche Fehler durch aufwändige Prozesse bereits in der Fertigung minimiert. Werden Fasern jedoch durch unsachgemäße Nutzung beschädigt, übertragen diese kein Licht mehr und sind damit blind.

2.2.2 Kameratechnik

Einfach betrachtet sind Endoskope, genauso wie gängige Objektive, Systeme zur Bildübertragung auf ein Medium. Ist die bloße Betrachtung von Objekten gewünscht, reicht die Übertragung des Bildes durch ein Okular aus und kann somit von einer Person mit bloßem Auge betrachtet werden. Für Dokumentationszwecke ist jedoch häufig gewünscht, das Bild aufzuzeichnen. Dafür ist die Übertragung auf den Sensor einer Kamera notwendig. Hersteller bieten zum Teil Videoendoskope an, bei denen Kamera und Endoskop ein integriertes System bilden und direkt aufeinander abgestimmt sind. Alternativ gibt es Varianten, bei denen die Endoskope mit normierten Objektivanschlüssen versehen sind und je nach Einsatzgebiet an verschiedene Kameras angeschlossen werden können. Über sogenannte Objektivadapter können mit Okular versehene Endoskope mit Kameras verbunden werden. Jedoch ist hierbei darauf zu achten, dass der Adapter den Abstand zwischen Kamera und Endoskop beeinflusst und damit auch die Abbildungseigenschaften.

Relevant für die Wahl einer geeigneten Kamera sind der vorhandene Objektivanschluss und die Sensorgröße bzw. die Auflösung des Sensors. Dabei muss betrachtet werden, wie das Endoskop das Bild auf den Sensor überträgt. Je nach Bauart und Auflösung überdeckt der Endoskopausschnitt nur einen Teil der Sensorfläche. Ebenfalls betrachtet werden müssen die Anzahl und Größe der Sensorpixel und der Durchmesser der einzelnen Fasern. Sind weniger Pixel als Glasfasern vorhanden, kommt es ggf., nach der Unterabtastung des Objektes durch die begrenzte Zahl an Fasern, zu einer erneuten Unterabtastung.

Relevant für die Qualität der erstellten Bildaufnahmen ist auch eine ausreichende Ausleuchtung des Objektes. Da der Transport des Lichtes durch die Glasfaser verlustbehaftet ist, sollte durch die Wahl eines möglichst lichtempfindlichen Kamerasensors die verbleibende Lichtinformation optimal genutzt werden.

Sollen sehr schnelle Vorgänge, wie bspw. Crashtests, aufgezeichnet werden, deren Bewegungsablauf nach wenigen Millisekunden abgeschlossen ist, werden sogenannte Highspeedkameras eingesetzt. Im Gegensatz zu normalen Videokameras bieten sie sehr hohe Aufnahmefrequenzen bis zu über 10.000 Bildern/s. Solche extrem hohen Aufnahmefrequenzen sind jedoch mit kleineren Auflösungen und sehr kurzen Belichtungszeiten verbunden und daher nicht für jede Anwendung geeignet. Für die Bildaufzeichnung im Rahmen von Crashtests wird üblicherweise eine Bildfrequenz von 1.000 Bildern/s gewählt. Sie bietet bei den meisten Kameratypen einen guten Kompromiss aus möglicher Belichtungszeit, Auflösung und Aufnahmefrequenz, um ein ausreichend helles Bild mit geringer Bewegungsunschärfe zu erhalten. Für die Aufzeichnung von Vorgängen im Fahrzeuginneren werden an die Highspeedkameras nochmals zusätzliche Anforderungen gestellt, da sie im Gegensatz zu den sogenannten offboard-Kameras die Beschleunigungen aushalten müssen, die bei einem Fahrzeugcrash auf das Fahrzeug wirken. Für diese Anforderungen bieten verschiedene Hersteller kompakte beschleunigungsfeste onboard Highspeedkameras an.

2.2.3 Geometrische Kalibrierung

Während der allgemeine Begriff der Kalibrierung in verschiedenen Bereichen unterschiedlich interpretiert wird, spricht man in der Photogrammetrie von der geometrischen Kalibrierung einer Kamera, wenn die Parameter der inneren Orientierung der Kamera-Objektiv-Kombination ermittelt werden und somit die Abweichung der Kamera-Objektiv-Verbindung von der idealen Zentralprojektion bekannt ist (Remondino und Fraser 2006). Wenn digitale Aufnahmesysteme, wie Kameras und andere optische Instrumente, für photogrammetrische Messungen unter hohen Genauigkeitsanforderungen herangezogen werden sollen, sollten diese vorab kalibriert werden, wenn keine Selbstkalibrierung möglich ist. Bei den für Messungen einzusetzenden Systemen ist es sinnvoll, im Voraus zu wissen, welches Genauigkeitspotential in dem verwendeten System liegt (Godding 1993). Dieses Vorgehen gilt daher ebenso für Endoskope, die in ihrer Eigenschaft als optische Instrumente zur Beobachtung von engen Hohlräumen nicht in erster Linie zum Messen gedacht sind (Reling 1988).

Neben den Überwachungs- und Prüfvorschriften für Koordinatenmessanlagen gibt es seit einigen Jahren auch Vorgaben zur Überwachung und Abnahme photogrammetrischer Messsysteme. Eine solche Vorgabe ist die VDI Richtlinie 2634. Sie definiert Prüfmethoden, legt Überwachungsprinzipien dar und erläutert Kenngrößen, die der Systemabnahme dienen. Sie empfiehlt, durch das Schaffen gleichbleibender Betriebsarten (Beleuchtungsart, Messvolumen, Art und Dauer der Auswertung) und Betriebsbedingungen (Temperatur, Feuchte, Umgebungsbeleuchtung) eine Vergleichbarkeit verschiedener Systeme zu ermöglichen. Zur Überprüfung der verwendeten Messsysteme wird hier die dreidimensionale Längenmessabweichung Δl als einfach verständliche Kenngröße eingeführt. Δl ergibt sich als Differenz aus dem gemessenen Abstand l_m zweier Punkte und deren kalibriertem (übergeordnet genau bestimmten) Abstand l_k. Rautenberg und Wiggenhagen (2002) beschreiben die Anwendbarkeit der VDI 2634 auf photogrammetrische Messsysteme mit größeren Messvolumen und entwerfen dafür geeignete Prüfkörper.

2.2.3.1 Berechnungsverfahren

Sofern in der Literatur Hinweise auf die Kalibrierung von Endoskopen zu finden sind, werden diese Berechnungen meist mit Methoden der Computer Vision (CV) durchgeführt, während in der Photogrammetrie das Verfahren der Bündelblockausgleichung gebräuchlich ist. Die Berechnungsmethoden in der CV sind meist Testfeldkalibrierungen und unterscheiden sich untereinander vor allem durch die verwendeten Testfelder und das zugrunde liegende Gleichungsmodell.

Einige dieser Verfahren stellen Remondino und Fraser (2006) vor. Sie stellen ebenfalls dar, wie sich in den Anwendungsgebieten der Photogrammetrie und Computer Vision die vorrangig genutzten Kalibrierverfahren unterscheiden.

Während die Photogrammetrie vor allem auf die Methodik von Brown (1971) und die von ihm eingeführten Parameter aufbaut, werden in der Computer Vision meist kombinierte, mehrstufige Berechnungsmethoden verwendet. Verschiedene Methodiken zur Kamerakalibrierung in der CV stellen Tsai (1987), Heikkilä und Silvén (1997) und Zhang (2000) vor. Nach Wengert et al. (2006b) erfordern solche Verfahren jedoch „Einiges an Zeit und Übung", um verlässliche Ergebnisse zu erhalten, vor allem bei stark verzerrenden Optiken, wie sie bei Endoskopen vorliegen. Die Berechnungsverfahren der CV benötigen keine Näherungswerte für die zu berechnenden Parameter, weshalb sie gut geeignet sind, die Eigenschaften von völlig unbekannten Aufnahmesystemen zu bestimmen. Die Verfahren eignen sich auch zur Berechnung von Systemen mit instabiler innerer Orientierung.

Das iterative Verfahren der Bündelblockausgleichung benötigt hingegen Näherungswerte für die Parameter und basiert auf den nicht-linearen Kollinearitätsgleichungen (Gleichungen 2.2, 2.3), die um zusätzliche Parameter zur rechnerischen Berücksichtigung systematischer Einflüsse ergänzt werden können. Im Allgemeinen sind diese zusätzlichen Parameter die von Brown (1971) formulierten Parameter der Verzeichnung. Die Bündelblockausgleichung ermöglicht eine gleichzeitige Bestimmung aller Parameter des Aufzeichnungssystems, zusammen mit Angaben zur Varianz und Zuverlässigkeit der berechneten Parameter

(Remondino und Fraser 2006). Ebenso lassen sich Korrelationen zwischen den einzelnen Parametern bestimmen. Diese detaillierten Betrachtungsmöglichkeiten sind gerade für die Beurteilung von ungewöhnlichen Aufnahmesystemen und Konstruktionen von Vorteil.

2.2.3.2 Äußere und innere Orientierung

Die äußere Orientierung beschreibt die Position und Ausrichtung des räumlichen Bildkoordinatensystems in einem übergeordneten Objektkoordinatensystem. Der Ursprung dieses Bildkoordinatensystems liegt wiederum im Projektionszentrum des Bildes. Für die in dieser Arbeit beschriebenen Untersuchungen wird angenommen, dass es sich bei dem Kamera-Endoskop-Aufbau um ein Aufnahmesystem mit zentralperspektivischer Abbildung handelt.

Um die Abbildung mathematisch darzustellen, werden die Kollinearitätsgleichungen (2.2) herangezogen. Sie beschreiben für ein Bild unter Einbezug der dafür gültigen inneren (x'_0, y'_0, c, $\Delta x'$, $\Delta y'$) und äußeren Orientierung (X_0, Y_0, Z_0, ω, φ, κ) sowie der Rotation (r_{ij}) die Transformation der Objektkoordinaten (X, Y, Z) in Bildkoordinaten (x', y'). Damit wird der geometrische Vorgang einer zentralperspektivischen Abbildung beschrieben. Sie sind die Grundgleichungen für Berechnungsaufgaben wie den räumlichen Vorwärtsschnitt, den räumlichen Rückwärtsschnitt und der Bündelblockausgleichung.

$$x' = x'_0 - c \cdot \frac{r_{11} \cdot (X - X_0) + r_{21} \cdot (Y - Y_0) + r_{31} \cdot (Z - Z_0)}{r_{13} \cdot (X - X_0) + r_{23} \cdot (Y - Y_0) + r_{33} \cdot (Z - Z_0)} + \Delta x' \tag{2.2}$$

$$y' = y'_0 - c \cdot \frac{r_{12} \cdot (X - X_0) + r_{22} \cdot (Y - Y_0) + r_{32} \cdot (Z - Z_0)}{r_{13} \cdot (X - X_0) + r_{23} \cdot (Y - Y_0) + r_{33} \cdot (Z - Z_0)} + \Delta y' \tag{2.3}$$

Die Korrekturfunktionen der Bildkoordinaten $\Delta x'$ und $\Delta y'$ beschreiben die Abweichungen von der idealen zentralperspektivischen Abbildung und können als zusätzliche Parameter hinzugefügt werden. Diese Korrekturfunktionen setzen sich im Wesentlichen aus den Komponenten der radial-symmetrischen Verzeichnung $\Delta x'_{rad}$ und $\Delta y'_{rad}$, dem Anteil der tangential-asymmetrischen Verzeichnung $\Delta x'_{tan}$ und $\Delta y'_{tan}$ und der Affinität und Scherung $\Delta x'_{aff}$ und $\Delta y'_{aff}$ zusammen. Sie setzen sich analog für $\Delta x'$ und $\Delta y'$ aus $\Delta x' = \Delta x'_{rad} + \Delta x'_{tan} + \Delta x'_{aff}$ zusammen.

Die Koeffizienten der radial-symmetrischen und tangential-asymmetrischen Verzeichnung ergeben sich nach Brown (1971) aus:

$\Delta x'_{rad} = x' \cdot \frac{\Delta r'_{rad}}{r'}$ und $\Delta y' = y' \cdot \frac{\Delta r'_{rad}}{r'}$ mit $\Delta r'_{rad} = A_1 \cdot r'^3 + A_2 \cdot r'^5 + A_3 \cdot r'^7 ...$

$\Delta r'_{rad}$ beschreibt die Verzeichnungskurve in Abhängigkeit vom Bildradius r' und wird meist in Form einer Reihenentwicklung dargestellt. Bei handelsüblichen Objektiven wird die Reihenentwicklung nach dem zweiten oder dritten Term abgebrochen (LUHMANN (2003)).

Die Formeln für die tangential-asymmetrische Verzeichnung ergeben sich aus:

$\Delta x'_{tan} = B_1 \cdot (r'^2 + 2x'^2) + 2B_2 \cdot x' \cdot y'$ und $\Delta y'_{tan} = B_2 \cdot (r'^2 + 2y'^2) + 2B_1 \cdot x' \cdot y'$

Affinität und Scherung beschreiben die Abweichungen des Bildkoordinatensystems von der Orthogonalität und Gleichmaßstäbigkeit. Die Effekte können durch die Formeln $\Delta x'_{aff} = C_1 \cdot x' + C_2 \cdot y'$ und $\Delta y' = 0$ kompensiert werden.

Das Glasfaserendoskop besteht wie jedes optische System (Mikroskop oder Teleskop) aus objektseitigem Objektiv und dem Auge zugewandtem Okular. Der Unterschied besteht darin, dass die Verbindung zwischen Ein- und Austrittspupille beim Teleskop starr und beim Glasfaserendoskop beweglich ist.

Aufgrund der flexiblen Glasfaserverbindung ist die innere Orientierung bei einem Endoskop gesondert zu betrachten. Bei Glasfaserendoskopen entsteht das Bild am distalen Ende, also an der Endoskopspitze, und wird dort auf den Querschnitt des Faserbündels projiziert (vgl. Abbildung 2.6). Das Bild wird dann über den Glasfaserschlauch übertragen und vom hinteren Faserquerschnitt über das Okular auf den Flächensensor der Kamera projiziert.

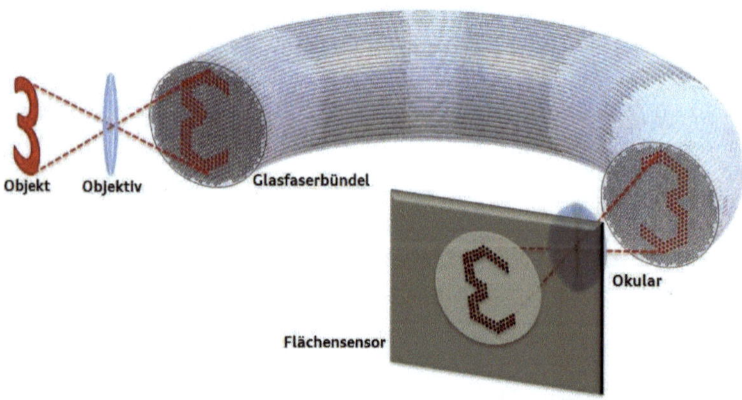

Abbildung 2.6: Schematischer Strahlengang Quarzfaserendoskop

Orientiert man sich an diesem Aufbau, liegt das Projektionszentrum des Aufnahmesystems an der Spitze des Endoskops, womit die Parameter der äußeren Orientierung die Position der Endoskopspitze beschreiben. Die eigentliche Position und die Ausrichtung der Kamera relativ zur Endoskopspitze sind nicht relevant, da die Kamera selbst nur zur Bildaufnahme notwendig ist.

Für die Interpretation der inneren Orientierung muss der Aufbau des Glasfaserendoskops betrachtet werden. Die Kammerkonstante ergibt sich aus der Summe aller im Strahlengang befindlichen Linsen und ist damit für das Gesamtsystem repräsentativ. Zur Vereinfachung wird für das Abbildungsmodell angenommen, dass die Abbildung des Glasfaserbündels mit den Abbildungseigenschaften einer planparallelen Platte verglichen werden kann, da es zu keiner Vergrößerung oder Verkleinerung des Bildes beim Durchgang durch das Bündel kommt. Ebenso wird die Verzeichnung des Objektivs von den Eigenschaften des Gesamtsystems bestimmt. Für die Bestimmung des Bildhauptpunktes und der Kammerkonstanten muss auch die Verbindung zwischen Endoskop und Kamera betrachtet werden.

2.3 Wissenschaftlicher Hintergrund

Der Arzt Phillip Bozzini gehört zu den ersten, die mit einem selbst entwickelten Endoskop bereits im Jahr 1807 minimalinvasive Untersuchungen durchführten (Zylka-Menhorn und Koch 1996). In seinen Abhandlungen beschäftigt er sich mit drei Grundfragen der Endoskopie: Wie kommt genügend Licht in den zu untersuchenden Raum? Wie wird ein qualitativ hochwertiges Bild erzeugt? Wie orientiert sich das Endoskop? Noch heute sind diese drei Fragen Kernpunkt vieler Untersuchungen zur Endoskopie. Der folgende Abschnitt gibt einen Überblick über die Anwendungsfelder und Forschungsbereiche der medizinischen und technischen Endoskopie, die sich auch mit diesen Fragen beschäftigt.

Während sich die ganz überwiegende Zahl der Forschungsberichte mit der Nutzung der Endoskopie für spezielle Untersuchungsverfahren sowie mit Fortschritten bei medizinischen Anwendungen und deren Ergebnissen befasst, finden sich auch viele Quellen, die die technischen Aspekte der Endoskopie zum Inhalt haben und damit auch für die hier vorzunehmenden Untersuchungen von Interesse sind.

2.3.1 Endoskopie in der Medizin und der technischen Anwendung

2.3.1.1 Medizinische Anwendung

Der älteste und bekannteste Anwendungsbereich für Endoskope ist die Medizin (Doglietto et al. 2005). Die so genannte minimalinvasive Medizin (Minimal Invasive Surgery - MIS) nutzt die Endoskopie als Mittel zur Diagnostik, für Untersuchungen und operative Eingriffe (Kilian 2005, Steiner und Ambrosch 2000). Sie bietet entscheidende Vorteile bei der Früherkennung von Erkrankungen und zeichnet sich durch Traumareduktion und schnelle Rehabilitation der Patienten aus (Huenerbein et al. 2003, Stehle et al. 2007). Viele Anwendungen wären ohne den Einsatz von Endoskopen heute nicht möglich

(Winter et al. 2006). Die langjährige und weit verbreitete medizinisch-wissenschaftliche Verwendung von Endoskopen vermittelt den Eindruck, dass sich die meiste einschlägige Fachliteratur in diesem Fachgebiet finden lässt.

Eine hohe Relevanz für die medizinische Anwendung hat die Navigation der Endoskope im Körperraum (Oeken und Törpel 2008, Wengert et al. 2006a). Die Orientierung und Bewegung der Instrumente ist meist von der Erfahrung und den Fähigkeiten des Anwenders abhängig. Mangelnde Tiefeninformationen bei monokularen Endoskopen erschweren die Orientierung zusätzlich. Man behilft sich daher für die Navigation bspw. durch die Erstellung von 3D-Modellen aus Bildfolgen und Voruntersuchungen (Hussong et al. 2009, Konen et al. 2007, Khan et al. 2003, Kuebler et al. 2002, Deschamps und Cohen 2001). Weitere Arbeiten thematisieren Behandlungs- und Untersuchungsverfahren, die durch den Einsatz von Endoskopen verbessert und verändert werden können (Gossner und Jung 2001). Dazu gehört zum Beispiel das Tracken und Führen von chirurgischen Instrumenten in Endoskopbildern (Wengert et al. 2007), um die Nachführung des Endoskops durch einen Roboter zu überwachen. Um dem Anwender zu diesem Zweck ein Echtzeit-3D-Modell zur Visualisierung des Untersuchungsbereiches anzubieten, setzen Hayashibe et al. (2006) ein Laser-Scan Endoskop ein. Hier werden ein Galvano-Scanner mit einer Hochgeschwindigkeitskamera (262 Bilder/s) und zwei Endoskopen kombiniert, um die Abtastung der Organoberflächen durch den Laserstrahl zu erfassen.

Ein in den letzten Jahren aufkommender Ansatz, um die fehlende Tiefeninformation in den Endoskopbilder zu kompensieren, ist der Einsatz von sogenannten Time-of-Flight- (ToF) Kameras in Kombination mit Endoskopen. ToF-Kameras ermöglichen es, für jedes Pixel Distanzinformationen zum Objekt in Echtzeit zu bestimmen, ohne das Objekt zusätzlich markieren zu müssen (Lange 2006). Das zu betrachtende Objekt wird dabei mit inkohärentem Nahinfrarot- Licht beleuchtet. Da das Licht intensitätsmoduliert und mit dem Sensor synchronisiert ist, kann durch die Phasenverschiebung des auf den Sensor einfallenden Lichts die Entfernung zum Objekt erfasst werden. Durch ein zusätzliches Erfassen der Intensität des einfallenden Lichtes wird ein Grauwert für jedes Pixel ermittelt. Bei der Kombination mit Endoskopen ist keine Anpassung der Endoskop-Optik notwendig. Anwendungsbeispiele hierfür liefern Haase et al. (2012) und Penne et al. (2009). Letzterer gibt für seine Anwendung bei einem Arbeitsabstand von 3 cm eine Messgenauigkeit von 0,89 mm an.

Weitere Potentiale bieten sogenannte 3D-Endoskope. Bereits 2003 beschrieben Yoshida et al. (2003) ein 3D-Endoskop, bestehend aus einem flexiblen Kabel, an dessen distalem Ende zwei CCD-Sensoren zur Bildaufzeichnung angebracht sind. Erste Studien zeigten bereits den Mehrwert auf, bemängeln allerdings die noch mangelnde 3D-Darstellbarkeit für den menschlichen Betrachter. Heutzutage bieten die Hersteller ausgereifte Modelle, die ihre Aufnahmen auf 3D-Bildschirmen darstellen können.

2.3.1.2 Technische Anwendung

Der Einsatz der Endoskopie hat sich von der reinen Anwendung in der medizinischen Diagnostik und der minimalinvasiven Operationstechnik auf die Industrie erweitert. In der Medizin werden an den Gebrauch tauglicher Endoskope jedoch andere Anforderungen gestellt als in der Industrie. Die Medizin benötigt in der Regel eine hohe Auflösung und die Möglichkeit zur Analyse in Echtzeit. Das Gerät muss höchst präzise steuerbar, minimalst im Durchmesser und sterilisierbar sein. Soweit in der gewünschten Anwendung realisierbar, werden in der Medizin starre Linsenendoskope bevorzugt, da sie im Vergleich zu Glasfaserbündeln eine bessere Auflösung bieten (Winter et al. 2006).

Die Vorteile von flexiblen Endoskopen, nämlich die Erreichbarkeit von schwer zugänglichen Bereichen bei geringem Platzbedarf, ist auch in der Industrie von entscheidender Bedeutung. Die Vorteile der technischen Inspektion durch den Einsatz von Endoskopen liegen in der Zeit- und Kostenersparnis, da aufwändige Abrüst- und Demontagearbeiten vermieden werden können und die Inspektion trotzdem durchgeführt werden kann. Die frühzeitige Aufdeckung von Schäden an Bauteilen kann Folgekosten minimieren. Außerdem kann das Dokumentieren von Inspektionen durch Bildmaterial zur Beweissicherung bei Haftungsfällen dienen (Winter 2008).

In technischen Bereichen ist der Einsatz von Endoskopen vor allem in der Qualitätssicherung und der zerstörungsfreien Prüfung (DGZfP) verbreitet. Sie werden dabei z.B. zum Aufdecken von Korrosionsschäden und Materialfehlern sowie zum Prüfen von Schweißnähten eingesetzt. Ein wichtiger Anwendungsbereich ist die Triebwerksinspektion in der Luftfahrt (Reling 1988). Wie die Bezeichnung „zerstörungsfreie Prüfung" bereits beschreibt, werden die Geräte auch hier vor allem deshalb eingesetzt, weil sie es ermöglichen, Geräte und Bauteile zu untersuchen, ohne diese zu zerstören oder sie aufwändig zerlegen zu müssen.

Erste Prototypen ermöglichen auch die Aufnahme von kleinen Innenräumen mit Hilfe von Projektionsscannern, die in ein Endoskop integriert werden (Schick et al. 2011). Weitere Anwendungsfelder aus der Archäologie, der Denkmalpflege, der Spionagetechnik und dem Katastrophenschutz beschreibt Winter (2008) in seiner Arbeit. Die häufig rauen Bedingungen in den Einsatzgebieten erfordern dafür ein robustes optisches System.

Die Beobachtung von Objekten und Vorgängen mit Endoskopen erfolgt mit bloßem Auge über deren Okular oder über ein Bildwiedergabegerät, beispielsweise einem Bildschirm, sofern es um die reine Erfassung von Ist-Zuständen geht. Soll jedoch ein Bewegungsvorgang dokumentiert werden, bieten zu diesem Zweck viele Hersteller Endoskope mit angeschlossenen Bildaufzeichnungssystemen an. In der Regel sind solche Systeme aber nicht in der Lage, Hochgeschwindigkeitsaufnahmen zu erzeugen, das heißt, sie bieten keine Bildraten größer als 500 Hz, wie sie für die hier gegebenen Anwendungen notwendig sind. Für solche Anwendungen müssen normal gebräuchliche Hochgeschwindigkeitskameras über Objektivanschlüsse an ein Endoskop angeschlossen werden (Wittenberg et al. 2002, Klar 2005).

2.3.2 Optimierung der Bildqualität von Endoskopaufnahmen

Ein wichtiges Thema der Endoskopie ist die Verbesserung der Bildqualität, bei der gerade die Faserbildleiter noch Verbesserungspotential bieten. Die charakteristische Wabenstruktur (vgl. hierzu Abschnitt 2.2.1.2) wird oftmals als störend empfunden und begrenzt die Auflösung, da die Mantelfläche einer Faser keine relevante Bildinformation trägt und daher nicht genutzt werden kann. Eine Verbesserung auf diesem Gebiet würde die Einsatzfelder und auch die Einsatzbereitschaft der Anwender, vor allem in der Medizin, erhöhen (vgl. Winter et al. 2006).

Neben der Verwendung von Tiefpassfiltern wird die Interpolation der Intensitäten der Faserzentren (Rupp et al. 2006a) als Optimierungsverfahren genutzt. Unter dem Stichwort „Super-Resolution" (Winter 2008) finden sich in der Literatur einige Ansätze zur Bildbearbeitung. Das Verfahren der Super-Resolution beschreibt allgemein die Steigerung der Auflösung von Bildern mit geringer Auflösung zu hoch aufgelösten Bildern durch Methoden der Signalverarbeitung. Einen Überblick über solche Verfahren geben Park et al. (2003).

Winter et al. (2006) erweitern die Technik der Super-Resolution. Sie beschreiben einen Ansatz zur Beseitigung der Wabenstruktur und zur Auflösungssteigerung durch eine offline Nachverarbeitung der Bilder. Dabei werden in einem Basisbild die einzelnen Faserzentren mit ihren Intensitäten bestimmt. Gleichzeitig werden in mehreren bewegten Bildern markante Merkmale erfasst. Diese werden als Stützstellen genutzt und ermöglichen ein Verknüpfen der einzelnen Bilder und ein Interpolieren der Grauwerte zwischen den bestimmten Intensitäten. Eine Weiterentwicklung der Super-Resolution nutzen Koehler et al. (2013) zur Erfassung der Endoskopbewegung.

Ein anderer Ansatz von Winter et al. (2005) ist die Verwendung des Nyquist-Shannon-Abtasttheorems, um geeignete Filterfunktionen zu bestimmen. Hierdurch soll ein automatisierter Prozess entstehen, der unabhängig von Vorkenntnissen über die verwendeten Systeme einen Filter auf die Aufnahmen anwendet. Dieser Filter soll die Aufnahmen für eine subjektive Bildbeurteilung optimieren und sie für computergestützte Weiterverarbeitung aufbereiten. Verschiedene Arten von Filtern vergleicht auch Janssen (2000) bei der Anwendung auf seine Aufnahmen der Strömung in einem Kiesbett. Dabei differenziert er zwischen den Aufnahmen aus Kalibrierung und Messbetrieb, bei denen sich die Einflüsse von Rauschen und die Qualität unterscheiden.

2.3.3 Ansätze zur Kalibrierung von Endoskopen

Während in der Photogrammetrie die Kalibrierung von optischen Aufnahmesystemen zu den selbstverständlichen Methoden gehört, um bestmögliche Messergebnisse zu erhalten, gewann die Kalibrierung von Endoskopen zur Korrektur von Bildfehlern erst in den letzten Jahren an Bedeutung. Inzwischen gibt es einige Ansätze, die Verzeichnung der Endoskopobjektive durch Kalibrierung zu bestimmen. Wie ZHANG ET AL. (2000) betonen, liegt bei Endoskopen meist eine tonnenförmige Verzeichnung vor. Diese ist fertigungsbedingt so gewollt und soll dazu führen, dass im Bildzentrum mehr Detailinformationen vorliegen und der Bildwinkel größer wird. Die Verzeichnung ist meist so groß, dass sie, anders als bei hochwertigen Linsenobjektiven, in den Endoskop-Aufnahmen mit bloßem Auge zu erkennen ist. HELFERTY ET AL. (2001) betrachten es daher als unbedingt notwendig, die Verzeichnung in den Endoskopaufnahmen zu korrigieren, um bspw. Endoskopbilder mit 3D Computertomografie-Aufnahmen zu matchen. Auch ABDALBARI ET AL. (2013) nutzen die entzerrten Endoskopaufnahmen zur Oberflächenrekonstruktion und zum Übereinanderlegen mit MR-Aufnahmen zur Orientierung der Instrumente im Operationsgebiet.

Die Relevanz einer geometrischen Kalibrierung zur Steigerung der Qualität betonen auch WENGERT ET AL. (2006B) in ihrer Arbeit. Bei ihrer Anwendung legen sie vor allem Wert auf eine automatisierte Kalibrierung während des Endoskop-Einsatzes bei einem medizinischen Eingriff. Die Maßnahme muss in ihrem Fall schnell durchzuführen sein und die Sterilität des Geräts darf nicht beeinträchtigt werden. WENGERT ET AL. (2006B) betrachten auch die Kalibrierung in verschiedenen Medien, also an der Luft oder im Körper des Patienten. Dabei stellen sie fest, dass sich zwar die berechneten Korrektur-Parameter unterscheiden, diese aber mit gleich guter Genauigkeit bestimmt werden können.

Auch HANEISHI ET AL. (1995) kalibrieren ihr elektronisches Endoskop und korrigieren die damit erzeugten Aufnahmen vor einer späteren Verarbeitung. Das von ihnen verwendete Video-Endoskop unterscheidet sich allerdings in der Hinsicht, dass die Aufnahmen nicht über einen Faserbildleiter erzeugt werden, sondern von einem CCD Chip aufgezeichnet werden, der sich an der Spitze eines flexiblem Schlauches befindet. Die notwendigen kleinen Optiken, die vor dem CCD Chip angebracht sind, sind in ihren Einflüssen auf die Abbildung jedoch vergleichbar mit den von „klassischen" Endoskopen.

Während viel Aufwand betrieben wird, die aus Endoskopen entstehenden Aufnahmen zu optimieren, beschäftigen sich nur wenige Anwender mit den Auswirkungen ihrer Nachbearbeitung auf eine mögliche Verwendung der Aufnahmen zur Kalibrierung und Messung. RUPP ET AL. (2006B) untersuchen die Auswirkungen zweier Methoden der Faserinterpolation auf die Kalibriergenauigkeit. Sie wenden die Interpolation auf die Bilder eines Faserendoskopes an und kalibrieren das Aufnahmesystem anhand der jeweils bearbeiteten Aufnahmen. Die Ergebnisse vergleichen sie mit der Kalibrierung eines starren Linsenendoskops. Das Glasfaserendoskop liefert nach Meinung der Autoren dabei zwar „schlechtere, aber durchaus brauchbare" Ergebnisse, wobei die beiden Interpolationsverfahren ähnlichen Einfluss haben.

Die Kalibrierverfahren und die Berechnungen, die für diese Kalibrierungen genutzt werden, sind fast ausschließlich die Modelle, die in der Computer Vision verwendet werden und die in Abschnitt 2.2.3.1 bereits kurz eingeführt wurden.

Eine Arbeit, die sich mit der geometrischen Kalibrierung verschiedener endoskopischer Messverfahren beschäftigt, ist die von KLAR (2005). Er untersucht Verfahren zur Analyse des Strömungsverhaltens in einer Kiessohle und vergleicht verschiedene Szenarien mit verschiedenen optischen Systemen. Zum Einsatz kommen dabei zwei flexible Endoskope, die als festes Stereosystem im Kiesbett eingebaut sind. Weitere Systeme bestehen aus einem starren Linsenendoskop sowie normalen c-Mount Objektiven. Nach Kalibrierung der verschiedenen Systeme verwirft KLAR (2005) jedoch die für die Faserbildleiter ermittelten Ergebnisse der radialen Verzeichnung der flexiblen Endoskope, weil die geschätzten Verzeichnungswerte keine signifikante Verbesserung bei der Bildkoordinatenmessung liefern. Dafür gibt er verschiedene Gründe an. Das Verfahren einer so genannten multi-planen Kalibrierung (Variation der Testfeldkalibrierung) ist aufgrund der beengten Verhältnisse im Versuchsaufbau nicht möglich, was zu einer nicht ausreichenden geometrischen Stabilität und damit zu Korrelationen zwischen den Parametern führen kann. Nach Ansicht von KLAR (2005) reduziert das Wasser die Auswirkungen der radialen Verzeichnung. Außerdem sei die 3D-Genauigkeit der Kalibrierpunkte zu gering, um die kleinen Verzeichnungswerte zu bestimmen.

2.4 Bewertung der verfügbaren Verfahren im Hinblick auf die eigenen Anforderungen

Die Endoskopie hat ihren Ursprung in der medizinischen Anwendung. Viele der heutigen Erkenntnisse stammen daher aus Forschungen mit medizinischem Hintergrund. Gleichzeitig ist die Medizin ein wichtiger Antreiber für die stetige Weiterentwicklung endoskopischer Systeme.

Während in vielen Anwendungsbereichen die starren Endoskope aufgrund der besseren Bildqualität bevorzugt werden, liegt der Vorteil von Faserendoskopen in ihrer flexiblen Handhabung und dem damit verbundenen breiten Einsatzspektrum. Aus diesem Grund werden sie für das neue Messsystem herangezogen und die schlechtere Bildqualität wird akzeptiert. Aufgrund des beengten und komplexen Bauraums in einem Auto ist der Einsatz eines starren Endoskops ausgeschlossen. Ist das Einsatzgebiet beispielsweise der Innenraum einer Fahrzeugtür oder das Innere des Handschuhkastens, ist es kaum möglich, dort das Rohr eines starren Endoskops einzubauen. Selbst wenn die Bauteile von keiner direkten Deformation oder Beschädigung betroffen sind, unterliegen sie doch häufig quasi-elastischen Bewegungen, die durch ein starres Metallstück beeinflusst würden oder die das Endoskop beschädigten. Eine weitere Herausforderung stellt die Bewegung dar, der sowohl das Aufnahmesystem als auch der zu beobachtende Objektbereich während des Versuchs ständig ausgesetzt sind. Aus diesem Grund ist die Verwendung von kommerziell verfügbaren Faserendoskopen nicht möglich, da spezifische Anpassungen bzgl. Stabilität und Kameraanschlussmöglichkeiten notwendig sind.

Der hier vorgesehene Anwendungsbereich ist wegen der Kombination von Faserendoskop und Highspeedkamera am ehesten mit dem von KLAR (2005) zu vergleichen. KLAR (2005) vergleicht verschiedene Systeme, wodurch er die Möglichkeit hat, auf alternative Systeme zurückzugreifen, um die bestmöglichen Ergebnisse zu erzielen. Er lehnt die Faserendoskope als nicht geeignete Messmittel ab und spricht von systematischen Fehlern in den Endoskopen. Diese ließen sich kaum modellieren, könnten daher nicht berücksichtigt werden, wirkten sich aber auf die Qualität der Messungen aus. In dem in dieser Arbeit verfolgten Ansatz werden neuere Endoskope verwendet. Hochwertige Endoskope werden mit modernen Fertigungstechniken hergestellt, so dass man davon ausgehen kann, dass in der Fertigung entstehende systematische Fehler sehr gering sind und die Messungen weniger beeinflussen.

Bei den beschriebenen Einsatzszenarien und Prozessen für Endoskope finden sich hauptsächlich Echtzeitanwendungen zur Inspektion und Operation. Dabei sind zum Teil Echtzeitkorrekturen bei den Bilddaten notwendig, aber auch Nachbearbeitung und Auswertung im post-processing Verfahren. Die Verwendung von direkt angeschlossenen Aufzeichnungs- und Wiedergabesystemen ist je nach Anwendungsgebiet unterschiedlich. Während sich einige Parallelen zwischen dem Zweck der Untersuchungen und den generellen Anwendungsproblematiken zwischen der Literatur und der in dieser Arbeit dargestellten Experimente finden lassen, so unterscheiden sich die Anwendungen doch vor allem hinsichtlich der Geschwindigkeit der zu beobachtenden Bewegungen und dem Zeitpunkt der Weiterverarbeitung. Bei solch hochdynamischen Vorgängen wie den Crashtests müssen andere Anforderungen an die Systeme bezüglich Nutzbarkeit und Qualität gestellt werden. Im Gegensatz zu Echtzeitanwendungen sind bspw. bei der Erstellung von Hochgeschwindigkeitsaufnahmen Kameras notwendig, die Bildfrequenzen von über 500 Hz liefern können. Die Auswertung der aufgezeichneten Aufnahmen ist daher auch nur im Nachhinein möglich. Damit sind Verfahren mit normalen Videokameras und Echtzeitauswertungen in diesem Anwendungsfall ausgeschlossen.

Ein großer Bereich der Forschung, vor allem in der Medizin, ist daher daran interessiert, die vorhandenen Mängel der Bildqualität durch Verfahren der Bildoptimierung auszugleichen. Zur Bild- optimierung gibt es eine Vielzahl von Verbesserungsansätzen und Algorithmen, die in Echtzeit-Verfahren und Nachbearbeitungsverfahren unterteilt werden können. Bildbearbeitung ist häufig mit Informationsverlust verbunden und bedeutet einen Eingriff in die Bildinformation. In dieser Arbeit wird auf eine Optimierung der Bildqualität der erstellten Bilder verzichtet. Dennoch ist eine Konvertierung der Aufnahmen in andere Dateiformate für die jeweilige Weiterverarbeitung nicht immer vermeidbar, wenn verwendete Berechnungsprogramme bestimmte Datenformate fordern.

Wie bereits erwähnt, sind in den meisten Bildern, die von Glasfaserendoskopen erzeugt wurden, die Auswirkungen der Verzeichnung deutlich zu erkennen. Die Erfahrung in der Photogrammetrie zeigt, dass nur eine Korrektur der Auswirkungen auf die gemessenen Bildkoordinaten zu präzisen Messergebnissen führt. Da auch in den Aufnahmen der für diese Arbeit verwendeten Endoskope eine starke tonnenförmige Verzeichnung zu erkennen ist, wird in den folgenden Untersuchungen ein Fokus auf die geometrische Kalibrierung der Endoskopaufnahmen gelegt.

Wenn in der hier verwendeten Literatur von Kalibrierung gesprochen wird, wird meist großer Wert auf die Verzeichnungsparameter gelegt und bei diesen besonders auf radial ausgerichtete, symmetrische Verzeichnung. Andere Verzeichnungsformen werden, wenn überhaupt erwähnt, wegen nicht-signifikantem Einfluss ausgeschlossen. Die Berücksichtigung der radialen Verzeichnung wird in der Literatur betont, da deren Auswirkungen auf die Messgenauigkeit beim Einsatz von Endoskopen als am größten eingeschätzt werden. Neben der Objektivverzeichnung werden durch Kalibrierung der inneren Orientierung allerdings auch Bildhauptpunkt und Kammerkonstante ermittelt. Dementsprechend werden auch die Aufnahmesysteme, die für das neue Messsystem verwendet werden, kalibriert, um damit höchste Genauigkeiten zu erreichen. Während in der Literatur meist Rechenmethoden aus der Computer Vision verwendet werden, sollen die für diese Untersuchung angestellten Berechnungen über die Bündelausgleichung erfolgen.

Die hier zugrunde liegenden Untersuchungen verfolgen den Ansatz, ein an das Anwendungsgebiet angepasstes Stereo-Aufnahmesystem inkl. Auswertestrategie zu entwickeln. Dabei wird auch auf die besonderen Herausforderungen eingegangen, die bei hochdynamischen Vorgängen an das Messsystem bspw. zur Kompensation von Eigenbewegungen gestellt werden. In der Literatur finden sich verschiedene Ansätze zur Verwendung von Endoskopen als Messsysteme, jedoch findet sich dabei keine Anwendung, die solche hochdynamischen Prozesse, wie sie im Crash ablaufen, dreidimensional und mit hoher Genauigkeit vermessen können. Die Anwendung von Glasfaserendoskopen mit angeschlossenen Highspeedkameras zur präzisen Messung von Relativmaßen wurde bisher keinen so ausführlichen Genauigkeitsuntersuchungen unterzogen wie in der vorliegenden Arbeit. Ein ebenfalls behandeltes hoch aktuelles Forschungsthema ist die Anwendung von Stereomesssystemen, die als onboard-Systeme ständig Bewegungen ausgesetzt sind. Da der Objektbereich ebenfalls Bewegungen und Deformationen unterliegt, ist bei diesen Anwendungen die Bestimmung der äußeren Orientierung mit hohem Aufwand verbunden. Unter solchen Bedingungen präzise Messungen durchzuführen, ist eine Herausforderung. Die starken Bewegungen, denen das Messsystem ausgesetzt ist, äußern sich in Relativbewegungen zwischen Endoskop und Kamera. In dieser Arbeit wird ein neuer Ansatz vorgestellt, der sich den endoskopspezifischen Kreisausschnitt auf dem Sensor zu Nutzen macht, um diese Verschiebungen zwischen Endoskop und Kamera zu korrigieren. Dadurch wird eine Steigerung der Messgenauigkeit erreicht.

3 Grundkonzept des neuen Verfahrens

Nach der Zusammenstellung der Anforderungen, die an das neue Messsystem gestellt werden, und nach der Bewertung der bereits vorhandenen Technologien und Verfahren stellt das vorliegende Kapitel das neu entwickelte Messverfahren vor. Dabei wird zwischen dem Messsystem und dem Vorgehen bei der Auswertung der ermittelten Daten unterschieden. Im Rahmen dieser Arbeit erfolgten Untersuchungen, die die Eignung anderer Endoskope und Methoden zum Gegenstand hatten. Sie werden in KUNZE (2011) und STEINER ET AL. (2012) beschrieben. Die in den beiden Arbeiten dargestellten Ergebnisse beeinflussten die Wahl der in den folgenden Abschnitten beschriebenen Systeme.

Die theoretische Genauigkeitsbetrachtung in Abschnitt 3.3 beleuchtet das ausgewählte Versuchskonzept sowie die gewählten technischen Systeme im Hinblick auf ihr Genauigkeitspotential. Dies gibt Aufschluss über die theoretisch erreichbaren Genauigkeiten bei künftigen Messungen und unterstützt die Wahl der Systeme.

3.1 Vorstellung des neuen Messverfahrens

3.1.1 Das Messsystem

Das neue Messsystem besteht aus zwei flexiblen Glasfaserendoskopen, die an onboard Highspeedkameras angeschlossen werden. Mit dem Einsatz der Endoskope soll vor allem die Beobachtung von schwer zugänglichen Bereichen ermöglicht werden, weshalb die Wahl auf flexible Endoskope gefallen ist. Für die Wahl eines speziellen Endoskops ist in erster Linie der zu untersuchende Bereich entscheidend. Wo liegt er, wie groß ist er und wie ist dieser zugänglich (RELING 1988)? Die Anwendungsbereiche im Fahrzeug variieren je nach Versuchsart und zu untersuchender Problematik, weshalb das Endoskop eine gewisse Anwendungsflexibilität vorhalten muss, bspw. durch eine ausreichende Länge des Glasfaserschlauchs. Basis für die individuell angepassten Endoskope ist das Olympus Flexiscope, das in Abschnitt 3.2.1 näher beschrieben wird.

Die an das jeweilige Endoskop angeschlossene Highspeedkamera ermöglicht die Aufnahme von Bildsequenzen mit 1000 Bildern/s und ist damit geeignet, die schnellen Bewegungsvorgänge eines Crashversuchs ohne große Bewegungsunschärfe zu erfassen. Sind die Kameras an Bord des Fahrzeugs während eines Crashversuchs installiert, sind sie schnellen Bewegungen und hohen Beschleunigungen ausgesetzt. Die Kameras sind darauf ausgelegt, diesen Beschleunigungen standzuhalten. Diese crashfesten Kameras werden von verschiedenen Herstellern angeboten und unterscheiden sich meist in Baugröße, maximaler Auflösung und maximal möglicher Bildfrequenz. Bei der Wahl des geeigneten Endoskops und der passenden Kamera sind verschiedene Faktoren zu beachten. Dabei ist ein relevanter Punkt die Verbindungsmöglichkeit zwischen dem Endoskop und der Kamera. Diese Verbindung ist entscheidend für den Übertrag des erfassten Bildes auf den Sensor. Wesentlich ist auch die Lichtempfindlichkeit des Sensors, da die durch die Glasfasern übertragene Lichtmenge geringer ist als bei normalen Objektiven. Die notwendige Größe des Sensors ist abhängig von dem durch das Endoskop übertragenen kreisrunden Bildausschnitt. In Hinblick auf diese Eigenschaften fiel die Wahl auf das Kamerasystem GX-5 System der Firma NAC. Eine technische Beschreibung der Kamera ist in Abschnitt 3.2.2 zu finden.

Die beiden Endoskope werden über einen c-Mount Kameraanschluss an die zugehörige Highspeedkamera angeschlossen und sind zwei unabhängige Aufnahmesysteme. Zusammen werden sie als Stereomesssystem eingesetzt, um damit dreidimensionale Bewegungen zu messen. Die Endoskopspitzen sind sehr beweglich und müssen daher in eine Art Rahmen gelegt werden, um sie an der gewünschten Position zu halten. Die Entwicklung einer solchen Halterung wird im Kapitel 4 beschrieben. Sie dient nicht nur dazu, die Endoskope im Objektbereich zu befestigen, sondern soll auch die relative Position der beiden Endoskope zueinander festlegen und konstant halten. Bereits zu Anfang wurde die Anforderung formuliert, dass der Objektraum durch Marker signalisiert werden kann, dass er also vor dem Versuch zu Vorbereitung zur Verfügung steht. Können diese Punkte im Vorfeld photogrammetrisch eingemessen werden, steht für die Stereoauswertung eine Art Passpunktfeld zur Verfügung, das es ermöglicht, die äußere Orientierung zu berechnen. Bei den meisten Anwendungsfällen wird sich kein Passpunktfeld realisieren lassen oder es steht nur in den ersten Bildern zur Verfügung, da sich der Objektbereich anschließend durch Deformation verändert und nicht mehr stabil ist. Aus diesem Grund soll der Vorteil der konstanten relativen Orientierung genutzt werden, der sich durch die Befestigung der Endoskope realisieren lässt. Ist die Position der Endoskope zueinander konstant und kann der Modellmaßstab für die Aufnahmekonstellation bestimmt werden, so können Relativmaße im Objektbereich gemessen werden.

Um eine hohe Qualität für die Aufnahmen der Endoskope zu erhalten, muss für eine ausreichende und geeignete Beleuchtung gesorgt werden. Viele Hersteller bieten bereits in das System integrierte Lichtquellen. Dabei werden zusätzliche, einfache Faserbündel parallel zum

Bildleiter im Schlauch entlang geführt. Wie bei dem Prinzip der Bildübertragung wird hier Licht aus einer Kaltlichtquelle durch die Fasern geleitet, das objektseitig aus dem Schlauch austritt und das Objekt beleuchtet. In Abbildung 3.1 ist der Faserleiter zur Übertragung der Bildinformation in der Mitte dargestellt, während die vier Faserbündel zur Beleuchtung außen angeordnet sind.

Eine andere Form der Beleuchtung kann durch in der Endoskopspitze integrierte LEDs erreicht werden. Die in dieser Arbeit verwendeten Endoskope haben keine integrierte Lichtleitung. Zum Einen gibt es derzeit keine kommerziell verfügbaren Kaltlichtquellen, die crashfest sind und im Fahrzeug verbaut werden können; eine Sonderanfertigung für eine solche Lichtquelle kam aus Kostengründen für die Untersuchungen nicht in Frage. Zum Anderen wäre die erzeugte Lichtleistung allein nicht ausreichend. Zu diesem Zweck werden für die Untersuchungen zusätzliche LED Beleuchtungseinheiten eingesetzt, die auch im operativen Crashbetrieb zum Einsatz kommen.

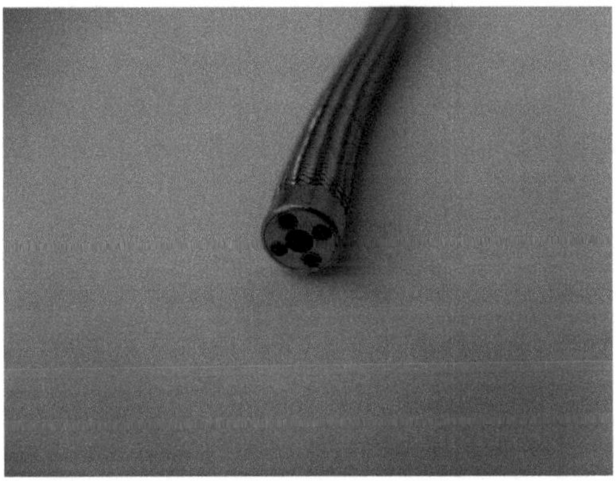

Abbildung 3.1: Integrierte Lichtleiter zur Objektbeleuchtung

3.1.2 Die Auswertung

Das Vorgehen für die Auswertung kann im Prinzip in zwei Teile aufgeteilt werden: die geometrische Kalibrierung und die Auswertung von Versuchsdaten.

Für die Kalibrierung des Endoskop-Kameraufbaus müssen die Bildkoordinaten der Testfeld-Objektpunkte in den Kalibrieraufnahmen bestimmt werden. Idealerweise erfolgt dies in einem Bildverarbeitungsprogramm, das verschiedene Punktsuchalgorithmen zur Verfügung stellt. Für die Messung der Bildkoordinaten wird die Bildverarbeitungssoftware eXtra der Firma FalCon verwendet. Die Software wird standardmäßig für die Bildsequenzanalyse bei Audi eingesetzt und besitzt eine automatische Markererkennung für verschiedene Punkttypen. Die aufgenommenen Einzelbilder werden unbearbeitet und ohne Codec-Komprimierung zu einer Sequenz (Format AVI) konvertiert. Das AVI- Format ist eine Anforderung der Software. Die Konvertierung der Rohdatenbilder in das AVI-Format hat keinen Einfluss auf die Messung der Bildkoordinaten.

Neben den Bilddaten werden in die Software noch die Koordinaten der Objektpunkte des Kalibrierfelds als Passpunkte eingeladen. Mit dieser Software werden über einen räumlichen Rückwärtsschnitt auch Näherungswerte für die äußere Orientierung bestimmt.

Die gemessenen Bildkoordinaten und die Näherungswerte gehen anschließend in die Ausgleichungssoftware Ax.ori der Firma AXIOS 3D ein. Sie beruht auf der Methode der Bündelblockausgleichung und ermöglicht es dem Nutzer detailliert einzelne Berechnungsschritte einzusehen und nachzuverfolgen. Der Anwender kann flexibel Parameter für die Berechnung ein- und ausschalten, Zusatzbedingungen einführen sowie Korrelationen zwischen Parametern ermitteln. Die Vorgehensweise zur geometrischen Kalibrierung wird in Abschnitt 4.1 erklärt.

Dieses Vorgehen zur Bildkoordinatenmessung und Bündelblockausgleichung wird sowohl für die Untersuchungen zur geometrischen Kalibrierung angewandt (Abschnitt 4.1) als auch später, wenn die Kalibrierdaten für die Versuche (Abschnitte 4.2, 4.3) ermittelt werden.

Für die Messung von signalisierten Punkten bietet MovXact verschiedene Punktsuchalgorithmen. Die bekanntesten sind dabei die DOT, MXT und codierte Marken (vgl. Abb. 3.2). eXtra verwendet für die Detektierung der DOT-Marker einen Ellipsenoperator, während die Erkennung der MXT-Marker über einen dafür entwickelten MXT-Algorithmus vom Fraunhofer IITB erfolgt. Es ist ebenso möglich, sogenannte codierte Marken zu detektieren. Dabei ist jede Marke individuell, wodurch die Software den Marken-Code automatisch zuordnen kann. Für jede dieser Marken wird von dem hinterlegten Algorithmus eine Mindestgröße vorgegeben, die der Markertyp in der Bildsequenz haben sollte, um zuverlässig gemessen werden zu können. Für MXT-Marken liegt der Mindestdurchmesser bei 12 Pixel, für DOT-Marken bei 7 Pixel. Code-Marken sollten in der Bildsequenz mehr als 15 Pixel haben.

Für das Messen der Marken in den Bildern gibt es drei Möglichkeiten, automatisch, halbautomatisch und manuell. Die vollautomatische Methode sucht den gesamten Bildausschnitt nach der zu suchenden Marke ab. Diese Methode macht nur für eindeutige Marker wie codierte Marken Sinn, da für andere Marken die Ergebnisse mehrdeutig wären. Für die halb-automatische Methode wird der Marke vom Anwender ein Suchbereich vorgegeben, innerhalb dessen der Suchalgorithmus die Marke aufsetzt. Bei Neupunkten muss der Anwender für jede Marke den Suchbereich vorgeben, bei hinterlegten Passpunktkoordinaten schlägt die Software nach drei bis vier aufgesetzten Marken über einen Vorwärtsschnitt die Lage des Suchbereichs der nächsten Marke vor. Bei der manuellen Messung setzt der Anwender die Marke pixelweise direkt auf der gewünschten Position in der Bildsequenz auf.

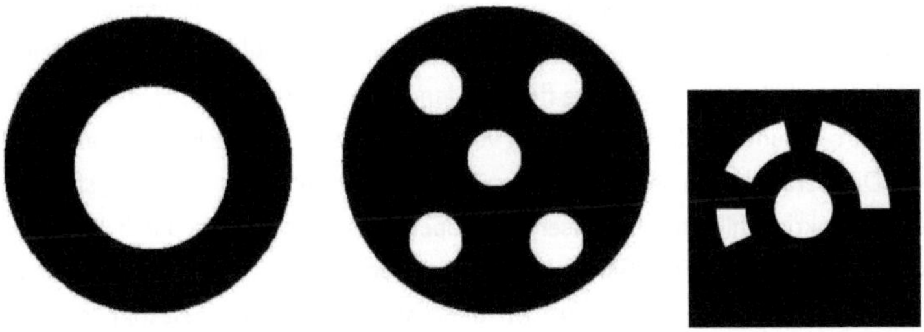

Abbildung 3.2: Markertypen DOT (Links), MXT-5 (Mitte), Beispiel Codiert (Rechts)

Für die Kalibrierung werden die Passpunkte des Testfeldes halb-automatisch aufgesetzt. Punkte, die nicht halb-automatisch messbar sind, werden nicht aufgesetzt, das heißt, es wird kein Passpunkt manuell gemessen.

Die Auswertung der durchgeführten Versuche erfolgt offline nach dem Versuch in der Software MovXact. Wie bereits erwähnt, ist sie die Standardsoftware für die dynamischer Bewegungsanalyse bei Audi. Die Bestimmung der inneren Orientierung der Aufnahmesysteme erfolgt über eine Testfeldkalibrierung vor oder nach dem Versuch. Eine Onlinekalibrierung ist bei den geplanten Anwendungsfällen nicht möglich, da während des Versuchs aus Platzgründen keine Kalibrierobjekte im Objektraum installiert werden können. Die in Ax.Ori berechnete innere Orientierung wird in MovXact geladen. Anschließend werden Passpunkte, falls vorhanden, für die äußere Orientierung, und Neupunkte für die Testmessungen, soweit möglich, halb automatisch aufgesetzt. Die Punkte werden einmalig, meist im Bild 0, aufgesetzt und können dann in allen darauf folgenden Bilder automatisch verfolgt werden. Dadurch werden Punktmessungen für jedes Bild beider Bildsequenzen ermittelt.

Die äußere Orientierung wird für jede Bildsequenz getrennt berechnet und kann dabei statisch für ein Bild oder dynamisch für alle Bilder der Sequenz bestimmt werden. Im Anschluss können die berechneten 3D-Bewegungen und Strecken in MovXact grafisch dargestellt und analysiert werden.

3.2 Technische Versuchsausrüstung

3.2.1 Olympus Flexiscope

Für die Untersuchungen in dieser Arbeit werden flexible Quarzfaserendoskope der Firma Olympus der Anwendung entsprechend bautechnisch angepasst (vgl. Abbildung 3.3). Die beiden verwendeten Endoskope bestehen jeweils aus einem 1,90 m langen Quarzbildleiter mit etwa 30.000 Einzelfasern, verkleidet mit einem Außenmantel aus Edelstahlgeflecht. Dieser Außenmantel schützt die Fasern vor Beschädigungen, die die Bildübertragung beeinträchtigen würden, und lässt trotzdem eine flexible Handhabung des Schlauchs zu. Die Endoskope wurden mit c-Mount Objektivanschlüssen versehen, um diese an die Kameras anschließen zu können. Die Geräte haben keine integrierte Beleuchtung und keine Steuerungsfunktion. Die Steuerungsfunktion hilft bei Glasfaserendoskopen, das distale Ende durch kleine Seilzüge abzuwinkeln und dadurch das Sichtfeld für Inspektionen zu verändern. Bei der Verwendung der Glasfaserendoskope im Crash werden diese an einer Position befestigt, so dass diese keine Bewegungsmöglichkeit mehr haben. Die Steuerungsfunktion ist daher überflüssig.

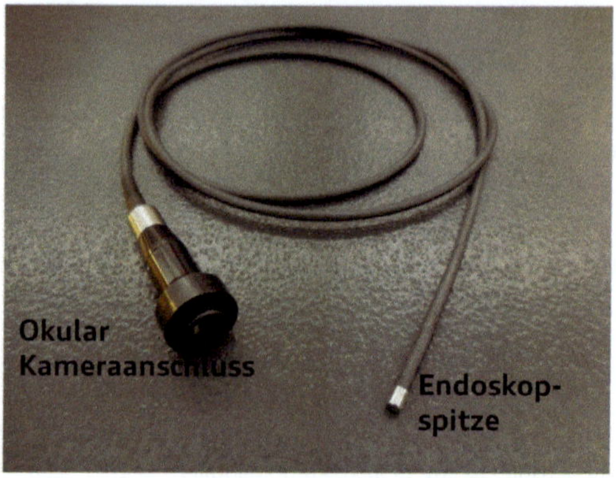

Abbildung 3.3: Modifiziertes Glasfaser-Endoskop von Olympus

Eine einzelne Faser hat einen Durchmesser von 3 µm, während das gesamte Faserbündel einen Durchmesser von 0,8 mm hat [Herstellerangaben]. Daraus ergeben sich 267 Fasern im Durchmesser. Das Licht wird an der Schlauchspitze in das Objektiv eingekoppelt, durch die Fasern geleitet und trifft am anderen Ende erneut auf eine Linsenoptik, die das Bild auf den Sensor überträgt. Dies wurde bereits in Abschnitt 2.2.3.2 und Abbildung 2.6 beschrieben.

Durch den Aufbau der Optik treffen die über die Glasfasern übertragenen Bildpunkte nicht auf die gesamte Fläche des Sensors. Der Rand wird durch eine feste Blende im Objektiv begrenzt, wodurch eine kreisförmige Abbildung (vgl. Abbildung 3.4) entsteht. Der restliche Bereich des Sensors ist nicht belichtet und daher schwarz.

3.2.2 Highspeedkamera

Für dynamische Versuche, also im bewegten Fahrzeug, wurde bei Audi bisher die GX-5 P-Cam Memrecam von NAC Image Technology verwendet (vgl. Abbildung 3.5). Aufgrund ihres ohnehin standardmäßigen Einsatzes und der bereits vorhandenen Technologie wird sie für die Versuche und Tests verwendet, die in dieser Arbeit beschrieben werden.

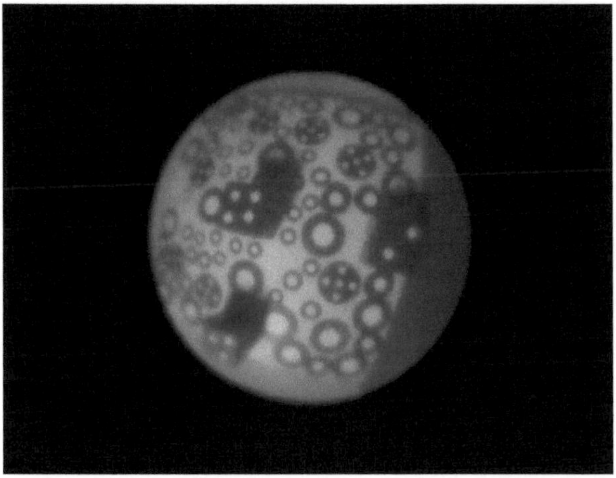

Abbildung 3.4: Kreisförmige Abbildung einer Flexoskopaufnahme

Das Kamerasystem besteht aus einer Steuerungseinheit, an die bis zu acht Kameraköpfe angebunden werden können und die über einen gemeinsamen Trigger synchronisiert sind. Die Steuerungseinheit und die Kameraköpfe können als crashfest eingestuft werden und überstehen Beschleunigungen von bis zu 100 G über 11 ms. Die Kameras haben eine maximale Auflösung von 640 x 480 Pixel bei einer Bildrate von 1000 Bildern/s und einer Sensorelementgröße von 10·10 μm^2. Mit höherer Bildrate reduziert sich die mögliche Auflösung bis auf 384 x 288 Pixel bei maximalen 10.000 Bildern/s.

Für den untersuchten Anwendungsbereich wird die Kamera mit der maximalen Auflösung von 640 x 480 Pixeln betrieben, also ist maximal eine Bildfrequenz von 1000 Hz möglich. Bei Aufnahmen von bewegten Objekten spielt die Relativbewegung zwischen Objekt und Kamera eine große Rolle, da sie zu einer Bewegungsunschärfe im Bild führen kann. Daher muss abgeschätzt werden, ob eine Bildfrequenz von 1000 Bildern/s und die damit mögliche Belichtungszeit für die Anwendung ausreichend ist.

Luhmann (2003) gibt für die Abschätzung der Bewegungsunschärfe $\Delta s'$ in Abhängigkeit der Objektgeschwindigkeit v, der Belichtungszeit Δt und dem Bildmaßstab m_b, die Formel 3.1 an:

$$\Delta s' = \frac{\Delta t \cdot v}{m_b} \tag{3.1}$$

Das Kriterium ist erfüllt, wenn $\Delta s' < \Delta s'_{max} = \frac{1{,}5}{AV}$ gilt, wobei AV [L/mm] das Auflösungsvermögen des Objektivs ist. Beim Einsatz des Messsystems im Inneren des Fahrzeuges haben die zu beobachtenden Objekte zu Beginn keine Geschwindigkeit relativ zur Kamera. Sie wer-

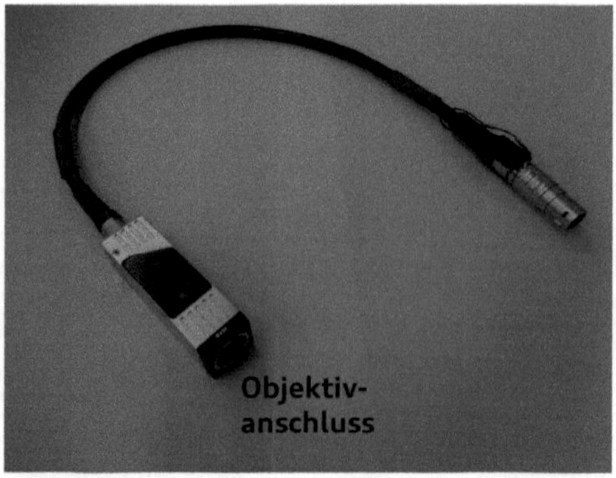

Abbildung 3.5: Onboard-Kamera GX-5 von NAC

den erst nach dem Aufprall des Fahrzeugs aufgrund ihrer Trägheit beschleunigt und können dann maximal die Geschwindigkeit des Fahrzeugs erreichen. In der Abschätzung kann also mit der maximal in einem Frontcrash vorkommenden Geschwindigkeit von v = 17,7 m/s (64 km/h) gerechnet werden. Als maximal eingesetzte Belichtungszeit und Bildmaßstab werden Δt = 0,9 ms und m_b = 100 angesetzt. Daraus ergibt sich eine Bewegungsunschärfe von $\Delta s'$ = 0,16 mm.

Für das Auflösungsvermögen des Messsystems wurde optisch AV = 10 L/mm ermittelt. Daraus ergibt sich die maximal zulässige Bewegungsunschärfe von $\Delta s'_{max}$= 0,15 mm. Die Bewegungsunschärfe für verwendete Bildfrequenz und Belichtungszeit liegt damit knapp oberhalb der kritischen Grenze. Sind Anwendungen mit höheren Geschwindigkeiten gefordert, sollte die Bildfrequenz erhöht werden, wodurch dann als Kompromiss die Auflösung reduziert werden müsste.

Um Aufnahmen mit höherer Helligkeit zu erreichen, wird ein Modell der GX-5 eingesetzt, in das kein Farbfilter eingebaut ist, und somit eine Helligkeitsverbesserung im Wert von 2-3 Blendenstufen ermöglicht.

Der kreisförmige Bildausschnitt des Endoskops wird in die Mitte des Sensors projiziert und überdeckt dabei einen Teil der Sensorfläche. Dieser überdeckte Teil ist für jedes der beiden Endoskope gleich und beträgt aufgrund der spezifischen Kammerkonstante und des Öffnungswinkel für das erste Endoskop (Olympus01) ca. 338 Pixel und für das zweite Endoskop (Olympus02) ca. 300 Pixel. Je größer der Sensor, desto kleiner ist relativ dazu die durch das Endoskop belichtete Fläche. Für die Bildqualität ist das Verhältnis zwischen Pixelanzahl /-größe und Faseranzahl /-größe relevant. Nach dem Nyquist-Shannon-Abtasttheorem sollte die Anzahl Pixel doppelt so groß sein wie die Anzahl der abzubildenden Fasern, um keine Unterabtastung zu haben. Bei Anschluss von Olympus01 an eine GX-5 Kamera werden auf der Diagonale des Kreisausschnittes 267 Fasern auf 338 Pixel abgebildet. Das entspricht nur einem Faktor von 1,3, was nicht ideal ist.

3.3 Theoretische Genauigkeitsbetrachtung

Ist die Versuchsausrüstung nach den gegebenen Möglichkeiten zusammengestellt, gilt es, die potentielle Genauigkeit des Systems zu beleuchten. Welche Anforderungen werden diesbezüglich von außen an die Ergebnisse gestellt und welche Genauigkeiten sind unter den gegebenen Voraussetzungen erreichbar? Mit Hilfe des Varianzfortpflanzungsgesetzes ist es möglich, anhand geplanter Versuchskonstellationen die erreichbaren Genauigkeiten abzuschätzen und damit aufzudecken, ob Verbesserungsbedarfe bestehen. So lassen sich alle eingehenden Parameter untersuchen und variieren.

Aufgrund des großen Austrittswinkels der beiden Endoskope haben sie bei paralleler Ausrichtung einen großen Überlappungsbereich, in dem eine Stereobetrachtung einer Objektszene möglich ist. Eine parallele Ausrichtung ist auch für den später vorgestellten Stereoaufbau (vgl. Abschnitt 4.2.2.2) geplant, so dass sich eine Genauigkeitsabschätzung für den Stereonormalfall anbietet, um eine möglichst realitätsnahe Konstellation zu beschreiben.

Für den Stereonormalfall gibt LUHMANN (2003) zur Berechnung der 3D Objektkoordinaten parallel zur Bildzeile X und Y an;

$$X = \frac{z}{c} \cdot x' = m_b \cdot x' \tag{3.2}$$

$$Y = \frac{z}{c} \cdot y' = m_b \cdot y' \tag{3.3}$$

Für die Koordinate Z in Aufnahmerichtung gilt:

$$Z = \frac{b \cdot c}{x' - x''} \tag{3.4}$$

Dabei ist $x' - x'' = px'$ die x-Parallaxe, deren Genauigkeit mit $\sigma^2_{px'} = 2 \cdot \sigma^2_{x'}$ abgeschätzt werden kann. $m_b = \frac{z}{c}$ ist der Bildmaßstab, also der Quotient aus dem Objektabstand und der Kammerkonstante des Objektivs. b wird als Basis bezeichnet und ist der Abstand zwischen den beiden Objektiven. x'und y' sind die gemessenen Bildkoordinaten.

Die Fehlerfortpflanzung auf die Formeln 3.2, 3.3 und 3.4 angewandt, ergeben sich die folgenden Gleichungen zur Berechnung der Genauigkeit der Objektkoordinaten:

$$\sigma_X = \sqrt{\left(\frac{\partial X}{\partial x'} \cdot x'\right)^2 + \left(\frac{\partial X}{\partial z} \cdot \sigma_z\right)^2} = \tag{3.5}$$

$$\sqrt{\left(\tfrac{z}{c} \cdot \sigma_{x'}\right)^2 + \left(\tfrac{x'}{c} \cdot \sigma_z\right)^2} = \sqrt{m_b^2 \cdot \sigma_{x'}^2 + \left(\tfrac{x'}{c}\right)^2 \cdot \tfrac{z}{b}^2 \cdot m_b^2 \cdot \sigma_{x'}^2}$$

$$\sigma_Y = \sqrt{\left(\frac{\partial Y}{\partial y'} \cdot y'\right)^2 + \left(\frac{\partial Y}{\partial z} \cdot \sigma_z\right)^2} = \tag{3.6}$$

$$= \sqrt{\left(\tfrac{z}{c} \cdot \sigma_{x'}\right)^2 + \left(\tfrac{y'}{c} \cdot \sigma_z\right)^2} = \sqrt{m_b^2 \cdot \sigma_{x'}^2 + \left(\tfrac{y'}{c}\right)^2 \cdot \tfrac{z}{b}^2 \cdot m_b^2 \cdot \sigma_{x'}^2}$$

$$\sigma_Z = \sqrt{\left(\frac{\partial Z}{\partial px'} \cdot \sigma_{px'}\right)^2} = \frac{z}{b} \cdot m_b \cdot \sigma_{px'} \tag{3.7}$$

Die Bildmessgenauigkeit $\sigma_{x'} = \sigma_{y'}$ kann für das zur Bestimmung der Bildkoordinaten verwendete Programm mit 0,5 Pixel angegeben werden, was bei der Pixelgröße der GX-5 von 10 µm einem Wert von 0,005 mm entspricht. Für die zugrunde liegende Anwendung sollte die Punktmessgenauigkeit nicht höher angesetzt werden, da Videokonvertierung, Bildqualität und Punktsuchalgorithmus $\sigma_{x'}$ und $\sigma_{y'}$ beeinflussen und zu einer Verschlechterung führen. Für $x' = y'$ wird ein Wert von 1,7 mm angenommen. Er entspricht der größten messbaren Bildkoordinate, geht man von dem genutzten Sensorbereich aus.

Mit

$z = 200\,mm$

$c = 2\,mm$

$\sigma_{x'} = \sigma_{y'} = 0,5\,Pixel = 0,005\,mm$

$b = 100\,mm$

$x' = y' = 1,7\,mm$

ergibt sich für die Genauigkeit der Objektkoordinaten: $\sigma_X = \sigma_Y =$ 1,4 mm und $\sigma_Z =$ 1,4 mm. Die Abschätzung ist bezüglich der zu erwartenden Genauigkeiten vielversprechend und übersteigt die geforderten Genauigkeiten. Die Abschätzung ist sehr optimistisch angesetzt, da sie eine fehlerfreie innere und äußere Orientierung voraussetzt. Was in der Realität mit den berechneten inneren Orientierungen der Objektive und mit der realen Messgenauigkeit der Bildkoordinaten an Objektgenauigkeit erreicht werden kann, zeigt sich in den folgenden Untersuchungen.

4 Experimentelle Untersuchungen

Die im folgenden Kapitel beschriebenen Untersuchungen dienen der Überprüfung und späteren Bewertung der Eignung des entwickelten Messsystems. Dabei wird die geometrische Kalibrierung durchgeführt, um die Abbildungseigenschaften des Messsystems zu bestimmen. Anschließend werden Versuche zum Stereomesssystem auf einem Schlitten und im Fahrzeug vorgestellt. Zuletzt wird eine Methode erläutert, die es ermöglicht, die Relativbewegung zwischen Endoskop und Kamera zu korrigieren, so dass Einflüsse auf die Messgenauigkeit reduziert werden.

4.1 Geometrische Kalibrierung

Zur Bestimmung der Abbildungseigenschaften und der inneren Orientierung des Endoskop-Kamera-Verbundes wird eine Testfeldkalibrierung durchgeführt. Damit soll nachgewiesen werden, dass sich das Endoskop als Monomesssystem eignet und die Abbildungseigenschaften so weit denen einer Zentralprojektion entsprechen, dass die innere Orientierung mathematisch zuverlässig bestimmt werden kann. Ebenso wird sich zeigen, wie stabil die innere Orientierung in den Aufnahmesystemen ist.

Eine Testfeldkalibrierung benötigt, wie der Name bereits sagt, ein geeignetes signalisiertes Testfeld als Kalibrierobjekt mit bekannten geometrischen Informationen, wie beispielsweise Passpunktkoordinaten oder bekannte Strecken. Für die in dieser Arbeit durchgeführten Kalibrierungen wird als Testfeld eine 30 mal 30 cm^2 große Spanholzplatte mit drei erhöhten Punkten verwendet. Die erhöhten Punkte sorgen für eine Dreidimensionalität des Testfeldes (vgl. Abbildung 4.1).

Die Tafel und die erhöhten Plastikbolzen sind mit verschiedenen Punktmarkern beklebt. Dafür wurden sowohl MXT-5-Punktmarken als auch DOT-Marken verwendet. Die 5-Punktmarken werden bei der automatischen Punktmessung in den Kalibrieraufnahmen gut erkannt und helfen bei der Orientierung und Zuordnung der Punkte auf der Tafel. Die kleinen DOT-Marken dienen vor allem der Abdeckung des Testfeldes durch eine Vielzahl an Punkten. DOT-Marken sind auch bei mäßiger Bildqualität noch automatisch messbar, während der MXT-Algorithmus erfahrungsgemäß eine bessere Bildqualität braucht. Sie sind jedoch auch dann noch zu identifizieren, wenn ein oder zwei Satelliten-Punkte nicht zu erkennen sind.

Abbildung 4.1: Kalibriertafel

Die zuvor geforderten Mindestgrößen der Marken in der Bildsequenz wird deutlich erreicht. Das Verwenden von codierten Markern ist bei den Endoskopaufnahmen nicht zielführend, da diese aufgrund der eingeschränkten Bildqualität nicht automatisch durch den Punktalgorithmus erkannt werden. Codierte Marken brauchen für den Codering und den Zwischenraum mehr Platz und sind daher nicht geeignet. Das Testfeld ist im Vorfeld photogrammetrisch vermessen und alle Marker können als Passpunkte verwendet werden.

Für die Kalibrierung werden die Endoskope jeweils mit einer Kamera verbunden und beide auf die Kalibriertafel ausgerichtet. Um auszuschließen, dass sich durch eventuelle Instabilitäten der Aufnahmesysteme die Aufnahmebedingungen ändern, werden Kamera und Endoskop während der Aufnahmen nicht bewegt, sondern das Testfeld. Das Kalibrierfeld wird in einem Abstand von ca. 200 mm aufgestellt und die Aufnahmeszene ausgeleuchtet.

Entsprechend den in Luhmann (2003) empfohlenen Aufnahmepositionen werden vier um je 90° Grad gedrehte Aufnahmen der Tafel erstellt und weitere vier Aufnahmen, bei denen die Tafel um etwa 15° Grad in Richtung Endoskope geneigt wird, um eine ausreichende Strahlenschnittgeometrie zu erhalten (vgl. Abbildung 4.2). Bei den Aufnahmen sollte darauf geachtet werden, dass diese formatfüllend sind und damit der gesamte belichtete Sensorbereich mit Punkten abgedeckt wird. Nur so können auch die Parameter der Verzeichnung ausreichend für alle Bildbereiche bestimmt werden. Durch die Aufnahme von um 90° Grad gekanteten Aufnahmen werden Korrelationen zwischen Parametern der inneren Orientierung (z.B. Bildhauptpunkt) und der äußeren Orientierung (z.B. Winkel ω, φ) reduziert.

Durch diese Konstellationen entstehen acht Ansichten des Testfeldes. Diese acht Bilder (siehe Abbildung 4.3) werden mit der Kamerasteuerungssoftware der Firma FalCon erstellt, als Bildformat wird die maximal mögliche Auflösung der Kamera mit 640 x 480 Pixel gewählt.

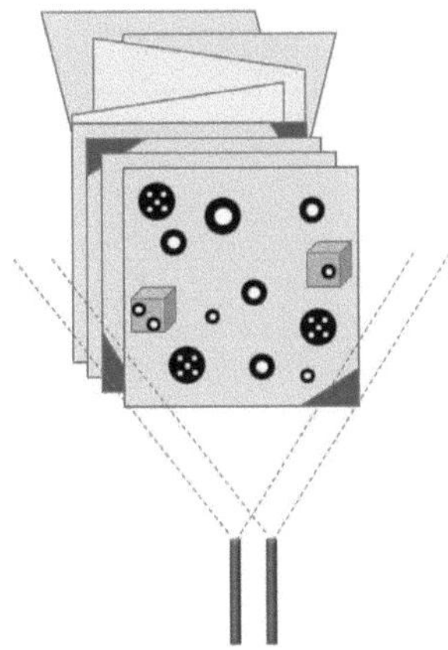

Abbildung 4.2: Schematische Ansicht der Kalibrieraufnahmen

Um diese Aufnahmen unter Nutzung der genannten Software für die Bildpunktmessung nutzen zu können, müssen diese in das Video-Containerformat AVI konvertiert werden. Die Bilder werden darüber hinaus nicht nachbearbeitet, und für die Konvertierung wird kein Komprimierungs-Codec verwendet, um keine Informationsverluste in den Bilddateien zu erzeugen.

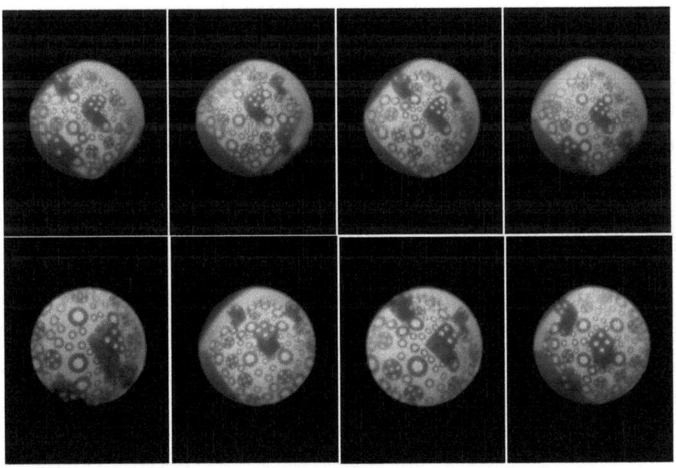

Abbildung 4.3: Acht Aufnahmen des Kalibrierfeldes

Einen schematischen Überblick über den Prozess der Datenkonvertierung und Berechnung gibt Abbildung 4.4.

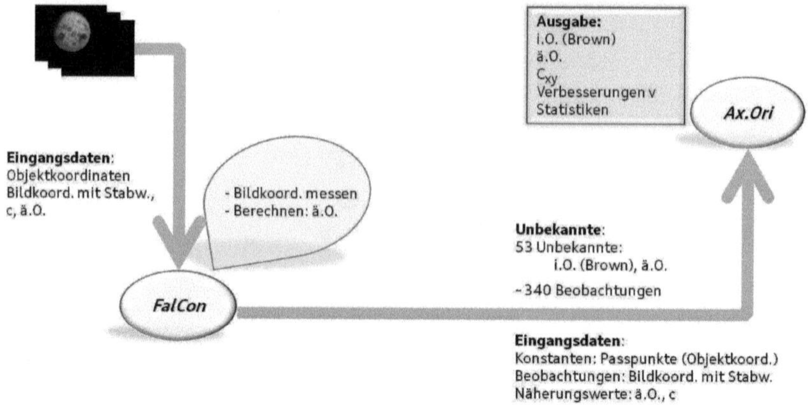

Abbildung 4.4: Übersicht Datenkonvertierungsprozess zwischen FalCon und Ax.Ori

Zu Beginn werden die Kalibrierbilder in die FalCon Software geladen und die Kammerkonstante als Näherungswert angegeben. In FalCon werden die Bildkoordinaten halb-automatisch gemessen und Näherungswerte für die äußere Orientierung berechnet.

In der Ax.Ori Eingangsdatei sind die Daten wie folgt charakterisiert:

Die Koordinaten der Passpunkte gehen als konstant in die Ausgleichung ein und dienen der Datumsdefinition. Als Beobachtungen gelten die gemessenen Bildkoordinaten mit der Bildmessgenauigkeit $\sigma = 0,002$ mm. Als Näherungswerte gehen die in FalCon bestimmten Parameter der äußeren Orientierung und die Kammerkonstante ein. Damit gehen mit den Parametern der inneren und äußeren Orientierung 53 Unbekannte in die Ausgleichung, dem gegenüber stehen ca. 340 Beobachtungen. Zu den 53 Unbekannten zählen die Parameter der inneren Orientierung (Kammerkonstante c, Bildhauptpunkt x_H, y_H, Verzeichnung A_1, A_2) sowie die sechs Parameter der äußeren Orientierung für die acht Eingangsbilder.

Das Ausgabeprotokoll von Ax.Ori enthält die ausgeglichene innere und äußere Orientierung, die Korrelationen, die Bildkoordinaten mit Verbesserungen und einzelne statistische Angaben zur Ausgleichung. Die Korrelationen werden in zwei normierten Varianz-Kovarianz-Matrizen dargestellt. Eine enthält die normierten Korrelationsparameter für die innere Orientierung, die andere beschreibt die Korrelationen zwischen innerer und äußerer Orientierung.

Um die Wiederholbarkeit der Kalibrierergebnisse beurteilen zu können, werden pro Kamera insgesamt acht Kalibrierungen durchgeführt. Daraus ergeben sich acht Reihen mit den Ergebnissen aus je acht Aufnahmen. Die Ergebnisse werden in Kapitel 5.1 dargestellt.

4.2 Stereomesssystem

Während bei der geometrischen Kalibrierung die Eigenschaften des einzelnen Aufnahmesystems bestimmt werden, werden im folgenden Untersuchungen zur Verwendung der Endoskope als Stereomesssystem beschrieben. Dabei wird die Synchronität der verwendeten Kameras untersucht und ein Versuchsaufbau auf einem Verzögerungsschlitten beschrieben. Für diese Untersuchungen werden die Endoskope in einem provisorischen Stereobalken auf einem Schlitten befestigt und unter der Belastung von Beschleunigungen getestet. So zeigt sich, ob die Systeme grundsätzlich als Stereomesssysteme geeignet sind und mit welcher Genauigkeit gemessen werden kann. Ebenso soll untersucht werden, ob die einmal kalibrierte innere Orientierung im Versuch stabil bleibt und wie sich die äußere Orientierung der beiden Endoskope verhält.

4.2.1 Synchronität

Essentiell für die Auswertung von dreidimensionalen Bewegungen anhand von Stereo- Bildsequenzen ist die synchrone Aufnahme der Bilder durch die verwendeten Kameras. Die Auswirkungen möglicher Asynchronitäten auf die Objektpunktgenauigkeit sind von verschiedenen Faktoren abhängig: Dies sind beispielsweise die Aufnahmefrequenz, die Aufnahmekonfiguration sowie die dazu relative Bewegungsrichtung und -geschwindigkeit des Objekts. Fehler, die durch die Asynchronität verursacht werden, zeigen sich bei Bewegungen parallel zur Kamerabasis nicht in den Standardabweichungen der Objektkoordinaten, da sich die Bildstrahlen auch bei Asynchronität in einem Punkt schneiden. Anschaulich sind die Auswirkungen asynchroner Bildsequenzen bei LUHMANN (2003) beschrieben. Um sicher zustellen, dass zwei oder mehrere zur Auswertung herangezogene Bildsequenzen synchron sind, werden zum Beispiel Triggerboxen, Framegrabberkarten und Zeitstempel herangezogen. Zur Beurteilung der Aufnahmen können so genannte Crashuhren oder Synchronometer eingesetzt werden, die in den Bildsequenzen mit aufgezeichnet werden. Einen Überblick über diese Methoden gibt RAGUSE (2007).

Die in dieser Arbeit verwendeten Kameras von NAC werden über eine gemeinsame Steuereinheit betrieben und synchronisiert. Mit Hilfe eines Synchronometers wird die Synchronität der beiden verwendeten Kameras überprüft. Das verwendete Synchronometer der Firma IES ist eine Tafel mit fünf Reihen mit je 10 Einzel-LED (vgl. Abb. 4.5). In verschiedenen Modi können Sequenzen abgespielt werden, bei denen die LEDs pro Reihe in unterschiedlichen Frequenzen (10 µsec - 100 ms) aufleuchten. Beispielhaft sind in der Abbildung drei dieser LED-Reihen grün markiert. Die gelben Kreise markieren die Randmarkierungen des Sync-Panel. Diese leuchten dauerhaft und dienen zur Orientierung, wenn die aufgenommene Bildsequenz automatisiert ausgewertet werden soll. Es ist aber auch eine visuelle Auswertung durch den Beobachter möglich. In der mittleren grün markierten LED-Reihe ist zu sehen, dass der erste und letzte LED-Spot nicht so intensiv leuchten wie die mittleren LED-Spots. Das liegt daran, dass aufgrund der ablaufenden Sequenz der erste bereits wieder verblasst, während der letzte beginnt aufzuleuchten. Auf diese Art entsteht eine Folge von charakteristischen LED-Mustern. Wird dieses wechselnde Muster gleichzeitig mit synchronisierten Kameras aufgezeichnet, so muss das LED-Muster in den Bildpaaren identisch aussehen.

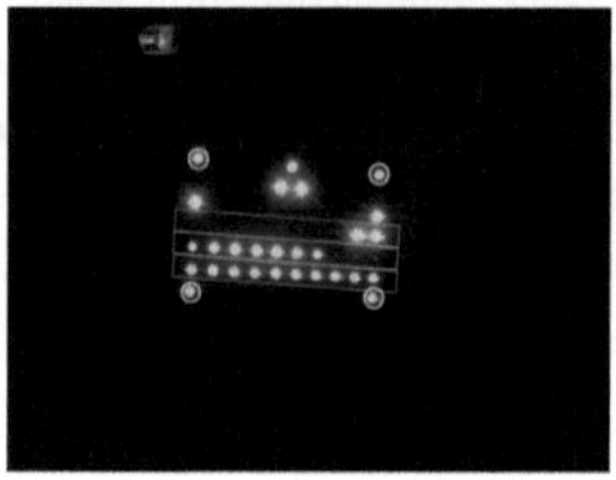

Abbildung 4.5: Ansicht einer Synchronometeraufnahme

Zur Überprüfung der Synchronität des verwendeten Kamerasystems und dessen Steuerungseinheit wird eine Sequenz des Synchronometers mit Kameras aufgezeichnet, die an der gleichen Steuerungseinheit hängen. Für diese Untersuchung müssen die Aufnahmen nicht mit den Endoskopen gemacht werden, da die Endoskope in ihrer Eigenschaft als Objektive keinen Einfluss auf die Synchronität der Kameras haben. Hier können also normale Objektive an die Kameras angeschlossen werden. Für die Aufnahmen wird eine Sequenz gewählt, bei der die mittlere LED-Reihe eine Frequenz von 1 ms hat. Die weiteren Reihen wechseln in 10 µsec, 100 µsec, 10 ms und 100 ms Schritten. Beim Vergleich der korrespondierenden Bilder, die jede Kamera aufgezeichnet hat, müssen die aufleuchtenden LEDs exakt dasselbe Muster zeigen. Abweichungen voneinander sind bspw. in einer unterschiedlichen Leuchtintensität der LED zu erkennen.

4.2.2 Schlittenversuch Testaufbau

4.2.2.1 Funktion eines Verzögerungsschlittens

Die Testversuche für die Anwendung der Endoskope als Stereomesssystem wurden auf dem Verzögerungsschlitten der Audi Fahrzeugsicherheit durchgeführt.

Bei einem solchen Verzögerungsschlitten ist ein Metallkeil an einer etwa 4 m langen und 1,5 t schweren Grundplatte angebracht, die mit einer vorgegebenen Sollgeschwindigkeit in eine Hydraulikbremse fährt und innerhalb von 1-2 m abgebremst wird. Durch Variieren der Geschwindigkeit und der Bremskraft können verschiedene Verzögerungsverläufe nachgebildet werden, die denen realer Crashs entsprechen. Der Schlitten ermöglicht das Erzeugen von Bewegungen zur Untersuchung von Bauteilen und Fahrzeugkomponenten unter reproduzierbaren Bedingungen. Bei einem Verzögerungsschlitten werden in der Regel Fahrzeugkarossen oder verschiedene Bauteile auf dem Schlitten befestigt. Im Gegensatz zu einem realen Crash wird die Karosse bei einem Schlittenversuch nicht beschädigt. Eine ungewollte Verformung der Karosse durch das abrupte Abbremsen wird durch gezielte Verstärkung des Fahrzeugrahmens verhindert. In Abbildung 4.6 ist der Geschwindigkeitsverlauf eines solchen Schlittenversuchs zu sehen. Bei diesem Beispiel fährt der Keil mit einer Geschwindigkeit von 15,6 m/s (56,2 km/h) in die Hydraulikbremse und wird innerhalb von 100 ms abgebremst. Dieser Puls entspricht beispielsweise den Anforderungen eines USNCAP Crashtests.

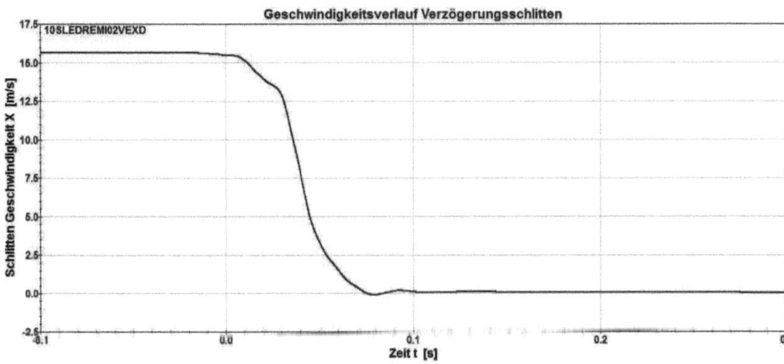

Abbildung 4.6: Geschwindigkeitsverlauf des Verzögerungsschlittens mit einem USNCAP Puls

Für die Untersuchung mit den Endoskopen bietet sich durch den Schlitten der Vorteil, dass starke Beschleunigungen und Bewegungen nachgebildet werden können, ohne ein komplettes Fahrzeug zu benötigen und Beschädigungen zu riskieren. Die eingesetzten Komponenten werden direkt auf der Schlittengrundplatte befestigt.

4.2.2.2 Versuchsaufbau

Sind die beiden Endoskope als Stereosystem bei einem Versuch auf dem Schlitten oder in einem Fahrzeug verbaut, so sind sie starken Bewegungen ausgesetzt. Daher soll ein Aufbau konstruiert werden, der eine stabile relative Orientierung zwischen den beiden Endoskopen sicherstellt, da die relative Orientierung nicht für jeden Zeitpunkt berechnet werden kann. Um erste Einschätzungen treffen zu können, wird zuerst ein provisorischer Aufbau gewählt. Dieser dient vor allem dazu herauszufinden, ob sich die beiden Endoskope in Bezug auf ihre erreichbare Messgenauigkeit als Stereomesssystem eignen. Dazu werden in einen Hartschaumbalken zwei schmale, parallel verlaufende Schlitze geritzt und in diese die beiden

Endoskopspitzen geklemmt. Die Endoskopspitzen schließen mit der Kante des Hartschaumbalken ab und haben einen Abstand von etwa 5 cm zueinander. Der Abstand ist hier kleiner als er für die Genauigkeitsabschätzung angesetzt war, somit ergibt sich für eine Basis von 6 cm somit eine schlechtere Genauigkeit von $\sigma_{x/y} = 2,1$ mm und $\sigma_z = 2,4$ mm. Wie zu erwarten ist die Genauigkeit in z fast um den Faktor zwei schlechter, liegt aber immer noch im Rahmen der gewünschten Genauigkeit.

An die beiden Endoskope sind die Kameras angeschlossen. Die Kameras werden auf der Schlittengrundplatte befestigt, ihre relative Position zueinander spielt dabei keine Rolle (vgl. Abschnitt 2.2.3.2). Sie sind so ausgerichtet, dass die optische Achse parallel zur Beschleunigungsrichtung auf dem Schlitten verläuft. Das ist sinnvoll, da die Kameras dadurch nur längs beschleunigt werden und die Verbindung zwischen Kameras und Endoskop damit geringere Belastung ausgesetzt ist, die die Befestigung beeinträchtigen könnte.

Als zu beobachtendes Objekt wird die Kalibriertafel auf einem Metallwinkel verschraubt und ebenfalls auf dem Schlitten befestigt. In einem Abstand von ca. 20 cm wird auf zwei Metallhaltern der Hartschaumbalken mit den eingeklemmten Endoskopen gelegt und mit einem Aluminiumprofil festgeklemmt. Dadurch sind die beiden Endoskope nahezu mittig auf die Tafel ausgerichtet und dabei stabil befestigt, so dass ein Schwingen des Hartschaumbalkens minimiert wird.

Die Abbildungen 4.7 zeigen Bilder von dem beschriebenen Aufbau. Im oberen Bild markieren die gelben Linien den Verlauf der Glasfaserleitungen in den Hartschaumbalken. Der große Pfeil gibt die Bewegungsrichtung des Schlittens an. Das untere Bild zeigt die Endoskophalterung von vorne, wobei die beiden gelben Pfeile auf die Positionen der Endoskopspitzen zeigen.

Von dem Versuch wird eine Bildsequenz mit einer Frequenz von 500 Bildern/s über eine Dauer von 300 ms aufgezeichnet. Damit entsteht für die Auswertung eine Bildsequenz mit 150 Bildern, die als AVI konvertiert zur Verfügung gestellt wird.

Um einen Eindruck über die Stabilität der inneren Orientierung zu erhalten, werden die beiden Endoskope vor und nach dem Versuch kalibriert. Diese sind dabei schon bzw. noch verbaut, so dass nur die Kalibriertafel bewegt werden kann. Da die Endoskopenden mit dem Kameraanschluss abseits der Kalibriertafel befestigt werden, besteht beim Bewegen der Kalibriertafel keine Gefahr, dass die Kameras angestoßen werden. Die c-Mount Verbindungen werden nach der ersten Kalibrierung, vor und nach dem Schlittenversuch sowie vor der abschließenden Kalibrierung nicht gelöst. Die Kalibrierung und die Berechnung der inneren Orientierung erfolgen dabei wie in Abschnitt 4.1 beschrieben.

Nach Hinzunahme der Kameradaten und Berechnung der äußeren Orientierung des ersten Bildes über Passpunkte auf der Tafel in FalCon werden die Bildkoordinaten einzelner Punkte in allen Bildern der Sequenz gemessen und deren Abstände zueinander in 3D Koordinaten

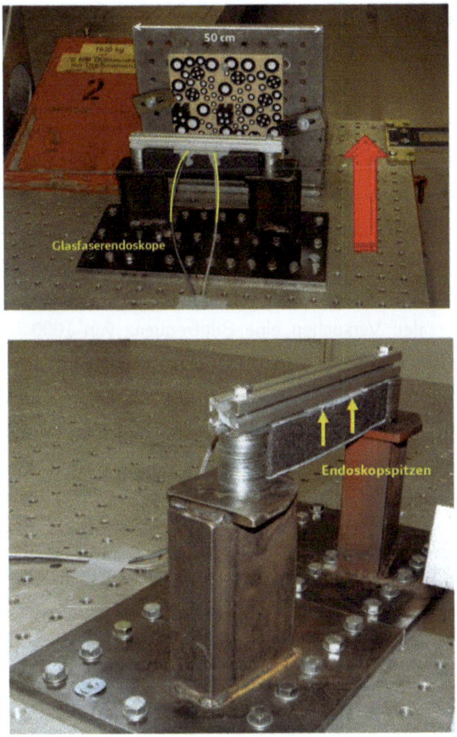

Abbildung 4.7: Stereoaufbau Schlitten

berechnet. In einem stabilen System, in dem sich die innere Orientierung der Aufnahmesysteme nicht ändert, müssten die gemessenen Strecken während des gesamten Zeitverlaufs der Aufnahme ebenfalls im Rahmen der Streckenmessgenauigkeit konstant bleiben.

Die Punktmessung erfolgt bei den signalisierten Punkten (DOT und MXT) durch den im Programm hinterlegten Punktsuchalgorithmus (Ellipsen-Operator und MXT). Die Punkte, die für die äußere Orientierungsberechnung verwendet werden, sind nicht identisch mit den Punkten, die zur Überprüfung der Messung genutzt werden. Die äußere Orientierung wird über Passpunkte gerechnet. Die zum Soll-Ist-Vergleich herangezogenen Punkte sind unabhängige Kontrollpunkte. Zwischen den gemessenen Punkten können Strecken gemessen werden. Als Sollmaße lassen sich die Strecken aus den 3D-Objektkoordinaten berechnen, die vorab in einem unabhängigen Koordinatenmesssystem bestimmt werden.

4.3 Bewegungsmessung im Fahrzeug

Der Versuch auf dem Schlitten stellt eine Messung unter relativ idealen Bedingungen dar. Der Objektraum wird mit ausreichend Licht ausgeleuchtet und es entstehen keine Deformationen, die Objektbereiche verdecken könnten. Als nächster Untersuchungsschritt soll ein Versuch im Gesamtfahrzeug durchgeführt werden, bei dem eine ideale Beleuchtung deutlich schwieriger ist und bei dem stärkere Bewegungen des zu beobachtenden Objektes auftreten. Diese Konstellation im Gesamtfahrzeug entspricht damit eher den später zu erwartenden Versuchsbedingungen. Zu der eingeschränkten Objektausleuchtung kommt noch hinzu, dass bei den realen Versuchen eine Bildfrequenz von 1000 Hz verwendet werden muss. Die Endoskope und Kameras sind beim Einsatz in einem Crashversuch Teil der gesamten Versuchsausrüstung, zu der auch andere mitfahrende Kameras gehören. Diese sind alle an die selbe Steuerungseinheit angeschlossen. Somit können alle Kameras nur mit derselben Bildfrequenz betrieben werden. Das ist im normalen Crashbetrieb eine Frequenz von 1000 Hz. Die Aufnahmefrequenz verkürzt entsprechend die maximale Belichtungszeit für die Einzelbilder und wird die Helligkeit im Vergleich zum Schlittenversuch beeinträchtigen.

Der provisorische Stereobalken, der für die Schlittenversuche verwendet wurde, ist für diesen Einsatz zu groß. Bei einer Verwendung im Fahrzeug müssen also Vorrichtungen zur Befestigung genutzt werden, die nach langjähriger Erfahrung im Crash keinen Einfluss auf das Verhalten des Fahrzeugs haben. Eine Möglichkeit dafür ist das Kameragestell, das normalerweise für mitfahrende Kameras verwendet wird und am Fahrzeugboden festgeschraubt werden kann. An diesem Gestell kann auch ein LED-Block zur Beleuchtung montiert werden.

Um die Endoskope in dieses Kameragestell zu integrieren, wird eine ca. 5 mm dicke Metallplatte im Format 11 x 4 cm^2 zurechtgeschnitten (vgl. Abbildung 4.8). An beiden Seiten ist im Abstand von neun Zentimetern je eine Nut gefräst, in die die Endoskope gelegt werden und die parallel zueinander ausgerichtet sind. Mit Kabelbindern werden die Endoskope an der Metallplatte fixiert. Die beiden größeren Schraubgewinde in der Mitte ermöglichen eine flexible Befestigung und Ausrichtung.

Diese Halterung ist durch ihren einfachen Aufbau und das vorgegebene Gewinde auch geeignet, an anderen Stellen im Fahrzeug angebracht zu werden, ohne dabei selbst viel Platz zu benötigen. Die roten Pfeile in Abbildung 4.9 markieren die Austrittsöffnungen der Endoskope, die bei der Montage in dem Stereogestell 9 cm voneinander entfernt sind.

Die beiden Endoskope werden seitlich so auf einen Crashtest-Dummy ausgerichtet, dass die Bewegung mehrerer Punkte auf dem Bein in den Aufnahmen verfolgt werden kann. Für diesen Versuch wird die Fahrertür entfernt und durch einen Stahlrahmen ersetzt. Dieser ermöglicht es, ohne Tür seitlich in das Fahrzeug zu blicken und stützt die Karosserie trotzdem an der Stelle, an der die Tür fehlt. An dem Stahlrahmen werden zusätzlich Alu-Profile befestigt, an denen die Endoskophalterung festgeschraubt werden kann. So befestigt kann

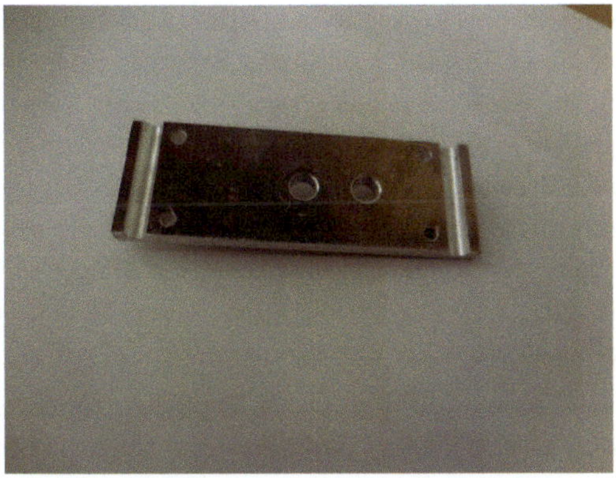

Abbildung 4.8: Metallplatte zur Befestigung der Endoskope

Abbildung 4.9: Metallplatte mit fixierten Endoskopen

das Stereopaar, bestehend aus den beiden Endoskopen, auf das Bein des Dummy-Insassen ausgerichtet werden. Das Bein wird mit mehreren schwarzweißen Einpunktmarken beklebt, weil MXT-Marken zu groß sind.

Die Glasfaserschläuche werden am Türgestell entlang zu den Kameras gelegt und ebenfalls fixiert. Hier zeigt sich der Vorteil, den die flexiblen Glasfaserschläuche beim Einsatz im Fahrzeug haben. Die Kameras mit den Endoskopen werden vor und nach dem Versuch kalibriert.

4.4 Bewegungskompensation Kreisausschnitt

4.4.1 Hintergrund und Versuchsaufbau

Beim Betrachten von Versuchssequenzen, die bei dem Schlitten- und Fahrzeugversuch entstanden sind, fällt auf, dass sich der belichtete Bildausschnitt, der durch das Endoskop entsteht, relativ zum Sensor bewegt. Wird nach der Ursache für diese Bewegung gesucht, liegt die Vermutung nahe, dass diese durch eine Verschiebung des Endoskops relativ zur Kamera und parallel zur Bildebene entsteht. Wie bereits in Abschnitt 2.2.1.2 und Abbildung

2.6 beschrieben, wird beim Strahlengang vorausgesetzt, dass dieser vom Endoskop aus parallel auf den Sensor einfällt. In diesem Fall hat eine Bewegung des Endoskops relativ zum Sensor, wie beschrieben, eine identische Bewegung der optischen Achse zur Folge. Mit einer variierenden optischen Achse ändert sich auch der Durchstoßpunkt der Achse durch den Sensor und damit der Bildhauptpunkt. Diese Abweichungen des Bildhauptpunktes haben direkte Auswirkungen auf die Messungen der Bildkoordinaten, da sich diese auf einen durch Kalibrierung bestimmten, festen Bildhauptpunkt beziehen. Im folgenden Abschnitt werden mögliche Ursachen für die Bewegung des Bildhauptpunktes untersucht und Möglichkeiten aufgezeigt, diese gering zu halten und zu korrigieren.

In den Sequenzen des Fahrzeugversuchs scheint die Bewegung des Kreisausschnittes stärker ausgeprägt zu sein als beim Schlittentest. Wird vorausgesetzt, dass bei beiden Versuchen die Endoskope stabil an die Kamera angeschlossen werden, muss eine andere Ursache betrachtet werden. Bei einem Vergleich der beiden Versuchsaufbauten fällt auf, dass auf dem Schlitten die Kameras längs zur Bewegungsrichtung befestigt sind, bei dem Fahrzeugversuch jedoch quer zur Fahrtrichtung ausgerichtet sind. Je nach Ausrichtung der Kameras sind auch die Verbindungen zwischen Kamera und Objektiv quer oder längs ausgerichtet und damit quer oder längs ansetzenden Beschleunigungen ausgesetzt. Damit liegt die Vermutung nahe, dass die Richtung, aus der die Kräfte auf die Kamera-Endoskop-Verbindung wirken, Auswirkung auf die Bewegung des Kreisausschnittes hat. Um dies zu untersuchen, werden unmittelbar hintereinander zwei Schlittenversuche durchgeführt, bei denen die Versuchsaufbauten identisch sind, außer dass die Kameras einmal längs (vgl. Abb. 4.10, grün) und einmal quer (rot) zur Bewegungsrichtung (Pfeil) aufgebaut sind.

Abbildung 4.10: Ausrichtung der Kameras auf dem Schlitten, längs (grün) und quer (rot) zur Fahrtrichtung (Pfeil)

Der Versuchsaufbau entspricht dem Schlittenversuch aus Abschnitt 4.2.2. Die beiden Endoskope sind in ihrer Verwendung als Stereomesssystem in der Metallhalterung befestigt, die schon bei dem Fahrzeugversuch zum Einsatz kam, und sind auf die fest montierte Kalibriertafel aufgerichtet. Die Kameras sind für den ersten Test längs der Beschleunigungsrichtung des Schlittens ausgerichtet. Für den zweiten Test werden die Kameras quer zur Fahrtrichtung gedreht, ohne dabei die Verbindung zwischen Kameras und Endoskopen zu verändern. Die Endoskope behalten ihre Position bei. Vor und nach dem jeweiligen Schlittenversuch wird das Messsystem kalibriert.

Wenn sich die Annahme bestätigt, dass bei quer ansetzenden Kräften die Verbindung zwischen Endoskop und Kamera stärker belastet ist, muss dies durch eine stärkere Bewegung des Kreisausschnittes in den Filmen des zweiten Versuchs zu sehen sein.

Beim reinen Betrachten der Versuchsfilme ist es kaum möglich, die Intensität der Schwingungen bzw. der Bewegung des Kreisausschnittes zu beurteilen. Daher wird eine Methode entwickelt, die Bewegung des Kreisausschnittes quantitativ zu erfassen. Mit der Erfassung der Bewegung des Kreisausschnittes sollen Rückschlüsse auf die Bewegung des Bildhauptpunktes gezogen werden können. Dabei ist klar, dass der Kreismittelpunkt nicht dem Bildhauptpunkt entsprechen muss. Es wird stattdessen angenommen, dass die Änderungen, denen Kreismittelpunkt und Bildhauptpunkt durch die Bewegung unterworfen sind, gleich oder zumindest vergleichbar sind.

Wenn für alle Bilder der Versuchsaufnahmen jeweils die Kreismittelpunkte bestimmt werden können, können daraus Korrekturwerte für die Bildkoordinaten ermittelt werden. Dazu wird so vorgegangen, dass für alle berechneten Mittelpunktskoordinaten die Differenz zum Bild 0 berechnet wird. Dadurch wird der Mittelpunkt von Bild 0 als Bezugspunkt gewählt und bestimmt so die relative Bewegung für alle folgenden Bilder. Auf diese Weise wird für jedes Bild, außer Bild 0, eine Verschiebung in x- und y- Richtung ermittelt, die dann auf die jeweils zugehörigen Bildkoordinaten angebracht wird.

4.4.2 Methode der Mittelpunktsbestimmung

Um die Bewegung des Kreismittelpunktes bestimmen zu können, wird mit Hilfe einer frei verfügbaren Bildverarbeitungssoftware der Mittelpunkt des Endoskopausschnittes bestimmt. Dabei wird genutzt, dass der Kreis durch die Nicht-Belichtung der äußeren Sensorfläche eine klare schwarze Umrandung besitzt.

Um den Endoskopausschnitt im Bild zu identifizieren und vom Hintergrund zu trennen, wird eine Schwellwertfunktion angewandt. Die Bestimmung des Schwellwerts erfolgt, laut Software-Handbuch, über den Isodata Algorithmus von Ridler und Calvard (1978). Durch Anwenden der Schwellwertfunktion werden alle Grauwerte, die unterhalb des Schwellwerts liegen, schwarz eingefärbt, der Rest wird weiß. Alternativ zu einer Schwellwertfunktion hätte auch ein Algorithmus gewählt werden können, der die geometrischen Eigenschaften des Bildausschnittes ausnutzt und eine Kreisschablone in den Endoskopausschnitt legt. Darauf wird jedoch verzichtet, da nicht geprüft ist, ob der Endoskopausschnitt tatsächlich kreisförmig ist.

Für die Berechnung des Kreismittelpunktes stehen zwei Funktionen zur Verfügung, die aber bei den verwendeten schwarz-weiß Bildern identische Mittelpunkte für den Kreisausschnitt ermitteln.

Um die Bilder in die Software laden zu können, müssen diese in JPEGs gewandelt werden. Zur Beurteilung der Genauigkeit der Mittelpunktsbestimmung wird untersucht, ob die Konvertierung, also die Umwandlung der Rohdatenbilder in JPEGs, Auswirkungen auf die bestimmten Mittelpunkte hat und wie groß diese Einflüsse sind. Die Funktion der „Optimierung" soll die Komprimierung, also die Dateigröße, optimieren, jedoch keinen Einfluss auf die Datenqualität haben. Diese unterschiedliche Komprimierung hat Einfluss auf die Dateigröße und damit auf die Bestimmung des Kreismittelpunktes. Um dies zu zeigen, werden jeweils JPEGs mit 75 % Optimierung und 100 % Optimierung verglichen. Dabei zeigt sich, dass sich die Mittelpunkte bei 100 % und 75 % Optimierung in ihrer Position um etwa 0,05 Pixel unterscheiden. Nach der Genauigkeitsabschätzung aus Abschnitt 3.3 ergäbe sich daraus eine Standardabweichung der Objektkoordinate von 0,3 mm. Dies ist bei den geforderten Messgenauigkeiten eine vernachlässigbare Größe. Dennoch sollte auf Komprimierung idealerweise verzichtet werden und die Einstellung mit dem geringsten Datenverlust verwendet werden.

5 Ergebnisse

Kapitel 5 fasst die Ergebnisse der Untersuchungen zusammen, die im vorhergehenden Kapitel vorgestellt wurden. Es wird dabei auf die Resultate der geometrischen Kalibrierung eingegangen sowie auf die Versuche mit den Endoskopen als Stereomesssystem auf dem Schlitten und im Fahrzeug. Zuletzt werden die Resultate der Bewegungsmessung der Endoskopausschnitte dargestellt.

5.1 Geometrische Kalibrierung

Bei der Berechnung der inneren Orientierung muss für die Verzeichnungsparameter beachtet werden, ob diese signifikant bestimmt werden können. Ist dies nicht möglich, dann dürfen sie nicht in der Ausgleichung berücksichtigt werden. Für die Untersuchung der Kalibriergüte wurden mehrere Kalibrierreihen entsprechend der Beschreibung in Abschnitt 4.1 durchgeführt.

Daraus ergaben sich für die acht Kalibrierreihen acht Parametersätze für die innere Orientierung. Im folgenden Abschnitt sind exemplarisch die Kalibrierergebnisse des ersten Endoskops abgebildet. Die Ergebnisse für das zweite Endoskop sind vergleichbar und werden deshalb nicht dargestellt.

Über die Drei-Sigma-Regel werden die Werte auf grobe Ausreißer überprüft. Da die Kalibrierungen unter gleichbleibenden Umgebungsbedingungen durchgeführt wurden, dürfen die Ergebnisse gemittelt werden, unter der Voraussetzung, dass es sich um ein stabil gelagertes Messsystem handelt. Daraus ergeben sich die in Tabelle 5.1 dargestellten Werte für das erste Endoskop.

$\bar{x}$ in Spalte zwei sind dabei die über alle acht Reihen gemittelten Parameter, berechnet nach

$$\bar{x} = \frac{\sum_{i=1}^{n} x_i}{n}$$

Die Standardabweichung σ_G der Einzelwerte (Spalte drei) wird über

$$\sigma_G = \sqrt{\frac{\sum_{i=1}^{n}(x_i - \bar{x})^2}{n-1}}$$

aus den Kalibrierparametern der einzelnen Reihen berechnet und beschreibt, wie gut die Parameter innerhalb der Reihe zusammenpassen. Voraussetzung dafür ist, dass die ermittelten Werte vergleichbar sind, also unter identischen Bedingungen erzeugt wurden.

Spalte vier zeigt den Mittelwert $\bar{\sigma}$ der Varianzen σ_i der einzelnen Parameter über alle Reihen nach

$$\bar{\sigma} = \frac{1}{n} \sum_{i=1}^{n} \sigma_i$$

Dieser Mittelwert $\bar{\sigma}$ für die Standardabweichung ist ein Maß für die Bestimmbarkeit der einzelnen Parameter. Ist dieser Wert klein, so konnten die einzelnen Werte in den Kalibrierreihen gut bestimmt werden.

Ist die Standardabweichung σ_G höher als $\bar{\sigma}$, dann sind die Parameter in jeder Kalibrierung zwar gut bestimmt, unterscheiden sich innerhalb der Reihe aber mehr als um die eigene Standardabweichung $\bar{\sigma}$. Das ist ein Zeichen dafür, dass z.B. die Kalibrierbedingungen nicht konstant waren oder sich das Aufnahmesystem verändert hat.

In der Tabelle zeigt sich, dass die gemittelten Standardabweichungen $\bar{\sigma}$ größer sind als die Standardweichung über die Einzelwerte der acht Kalibrierreihen σ_G. Dies bestätigt die gleichbleibenden Kalibrierbedingungen und die stabile innerer Orientierung des Messsystems.

Parameter	Mittelwerte $\bar{x}$	Stabw. der Einzelwerte σ_G	Mittlere Stabw. $\bar{\sigma}$
$c\,[mm]$	2,0534	0,0050	0,0085
$X_H\,[mm]$	-0,0985	0,0025	0,0075
$Y_H\,[mm]$	-0,0359	0,0035	0,0074
$A_1\,[\frac{1}{mm^2}]$	-0,1311	0,0024	0,0045
$A_2[\frac{1}{mm^4}]$	0,0173	0,0019	0,0034
$A_3[\frac{1}{mm^6}]$	-0,0015	0,0005	0,0007
$B_1[\frac{1}{mm^2}]$	-0,0020	0,0001	0,0003
$B_2[\frac{1}{mm^2}]$	0,0020	0,0001	0,0003
$C_1[\frac{1}{mm}]$	0,0032	0,0005	0,0006
$C_2\,[\frac{1}{mm}]$	0,0049	0,0003	0,0006

Tabelle 5.1: Kalibrierung mit allen Verzeichnungsparametern für das erste Endoskop

Aus der Tabelle ist unmittelbar ersichtlich, dass die Auswirkungen der radialen Verzeichnung A_1 deutlich größer sind als die der anderen Verzeichnungsparameter. Ebenso fällt auf, dass die radiale Verzeichnung um mindestens den Faktor 10^6 größer ist als bei gewöhnlichen Linsenobjektiven. Zu beachten ist auch der Unterschied zwischen den σ_G der beiden Bildhauptpunktskoordinaten in Tabelle 5.1. Die beiden Werte müssten eigentlich gleich sein, es sei denn, es existiert ein besonderer Einfluss auf einen der beiden Parameter. Das kann bspw. eine Abhängigkeit/Korrelation zu einem anderen Parameter sein oder eine schlechte

Abdeckung mit Objektkoordinaten durch eine unsauber und einseitig ausgerichtete Kalibriertafel. Dies kann über eine statistisch begründete Modellwahl analysiert werden, auf die aber hier verzichtet werden soll.

Mit Hilfe eines zweiseitigen t-Tests werden die innerhalb der n Messreihen bestimmten Parameterwerte überprüft. Dabei wird geprüft, ob die in den einzelnen Messreihen bestimmten Parameter mit einer Sicherheitswahrscheinlichkeit von 95 % mit dem Mittelwert der Messreihen verträglich sind.

x_i: Messwerte mit $i = 1...n$;

$n = 8$ Messreihen

$$\bar{x} = \frac{1}{n}\sum_{i=1}^{n} x_i$$

Verbesserungen $v_i = \bar{x} - x_i$ $\quad \frac{v_i}{\sigma_{v_i}} \sim t(n-1)$

$$\sigma_{v_i} = \frac{1}{n-1}\sum_{i=1}^{n} v_i^2$$

Nullhypothese $H_0: \quad v_i = 0$ mit Alternativhypothese $H_A: \quad v_i \neq 0$

$$\left\{\left|\frac{v_i}{\sigma_{v_i}}\right| > t_{n-1,1-\frac{\alpha}{2}} \mid H_0\right\} = \alpha$$

Wenn $\left|\frac{v_i}{\sigma_{v_i}}\right| > t_{n-1,1-\frac{\alpha}{2}}$ wird die Nullhypothese verworfen. Anhand der Tafel der t-Verteilung ergibt sich für $\alpha = 5$ %: $t_{n-1,1-\frac{\alpha}{2}} = 2,447$.

Dabei zeigt sich, dass sich einige Parameter, wie der Bildhauptpunkt und die Verzeichnungsparameter, zu stark vom Mittelwert unterscheiden und daher nicht zuverlässig bestimmt worden sind. Bei Betrachtung der Varianz-Kovarianz Matrix mit den normierten Korrelationskoeffizienten, die Ax.Ori ausgibt, zeigen sich im Vergleich zu den anderen Parametern hohe Korrelationen zwischen der tangentialen Verzeichnung B_1, B_2 und der y-Koordinate des Bildhauptpunktes. Um also Einflüsse auf die Koordinaten des Bildhauptpunktes auszuschließen, werden in den weiteren Kalibrierungen nur noch diese als Parameter der Verzeichnung bestimmt.

Werden die gleichen Eingangsdaten nur noch nach den Werten des Bildhauptpunktes, der Kammerkonstanten und der radialen Verzeichnung ausgeglichen, ergeben sich die Resultate, wie sie in Tabelle 5.2 dargestellt sind.

Parameter	Mittelwerte $\bar{x}$	Stabw. der Einzelwerte σ_G	Mittlere Stabw. $\bar{\sigma}$
$c\,[mm]$	2,0637	0,0079	0,0131
$X_H\,[mm]$	-0,1418	0,0029	0,0068
$Y_H\,[mm]$	0,0048	0,0028	0,0071
$A_1[\frac{1}{mm^2}]$	-0,1182	0,0008	0,0027
$A_2[\frac{1}{mm^4}]$	0,0091	0,0001	0,0008

Tabelle 5.2: Kalibrierung nur mit radialer Verzeichnung für Olympus01

Beim Vergleich der Werte in den Tabellen 5.1 und 5.2 ist zu sehen, dass sich die Werte für die Position des Bildhauptpunktes verändert haben. Die Standardabweichungen für die Kammerkonstante sind größer als in der Berechnung zuvor und der Parameterwert unterscheidet sich zu dem zuvor bestimmten um den Wert der mittleren Standardabweichung. Im Gegensatz dazu fallen die mittleren Standardabweichungen der radialen Verzeichnung bei der zweiten Berechnung deutlich kleiner aus. Ein erneuter t-Test zeigt, dass die Parameter in der erneuten Berechnung signifikant bestimmt werden konnten.

5.2 Stereomesssystem

5.2.1 Synchronität

Aus den Aufnahmen des Synchronometers durch die beiden Kameras entstehen zwei Sequenzen. Die ersten fünf Bilder dieser Sequenzen sind in Abbildung 5.1 zu sehen. Die Sequenz von Kamera 1 ist oben dargestellt, die Sequenz von Kamera 2 ist in der unteren Reihe abgebildet.

Auf dem Sync-Panel wechselt die vierte LED Reihe von oben mit einer Frequenz von 1 ms. Dies ist in der Bildreihenfolge auch so zu erkennen, da die LED Reihe in jedem Bild um einen Spot verschoben ist. Der visuelle Abgleich der jeweils korrespondierenden Bildpaare zeigt, dass die Aufnahmen synchron erstellt werden, da die Bilder ein identisches LED-Muster zeigen. Würden die Aufnahmen nicht synchron laufen, würde die Helligkeit der Punkte mit zunehmendem Verlauf der Aufnahmesequenz voneinander abweichen. Beispielsweise würde eine LED bereits wieder abklingen, während eine andere gerade die höchste Intensität hat. Damit ist sichergestellt, dass die Synchronität der Aufnahmen ausreichend ist.

5.2.2 Schlittenversuch

Für den Versuch, der in Abschnitt 4.2.2.2 beschrieben wurde, werden zuerst die Kalibrierungen vor und nach dem Versuch verglichen. Sie sind in den Tabellen 5.3 und 5.4 dargestellt. Vergleicht man die Werte in den Tabellen, fällt die Veränderung des Bildhauptpunktes

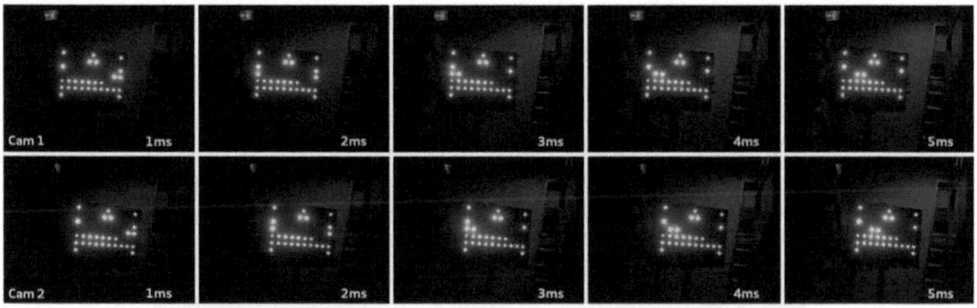

Abbildung 5.1: Aufnahme des Synchronometers mit zwei Kameras über 5 ms, Kamera 1 oben, Kamera 2 unten

in y-Richtung auf. Die Tatsache, dass die Standardabweichungen der Parameter eine vergleichbare Größenordnung haben, deutet darauf hin, dass es zu einer realen Verschiebung des Bildhauptpunktes gekommen sein muss. Die weiteren Werte zeigen keine auffälligen Veränderungen zwischen der Kalibrierung vor und nach dem Versuch. Die Werte für Olympus01 sind nicht identisch mit den in Abschnitt 5.1 kalibrierten Werten, da für den Schlittenversuch andere Kameraköpfe verwendet wurden.

Olympus01	Vorkalibrierung	
Parameter	Wert	Stabw. σ
$c\,[mm]$	-2,0518	0,0042
$x_H\,[mm]$	-0,1280	0,0027
$y_H\,[mm]$	0,0314	0,0028
$A_1[\frac{1}{mm^2}]$	-0,1201	0,0010
$A_2[\frac{1}{mm^4}]$	0,0097	0,0003

Olympus01	Nachkalibrierung	
Parameter	Wert	Stabw. σ
$c\,[mm]$	2,0462	0,0044
$x_H\,[mm]$	-0,1297	0,0024
$y_H\,[mm]$	0,0154	0,0024
$A_1[\frac{1}{mm^2}]$	-0,1184	0,0009
$A_2[\frac{1}{mm^4}]$	0,0091	0,0003

Tabelle 5.3: Vergleich der berechneten Kalibrierparameter für das Endoskop Olympus01 vor und nach dem Versuch

Olympus02	Vorkalibrierung	
Parameter	Wert	Stabw. σ
$c\,[mm]$	-1,4584	0,0039
$x_H\,[mm]$	-0,1455	0,0028
$y_H\,[mm]$	-0,0910	0,0028
$A_1[\frac{1}{mm^2}]$	-0,2398	0,0020
$A_2[\frac{1}{mm^4}]$	0,0392	0,0011

Olympus02	Nachkalibrierung	
Parameter	Wert	Stabw. σ
$c\,[mm]$	-1,4614	0,0037
$x_H\,[mm]$	-0,1586	0,0028
$y_H\,[mm]$	-0,0592	0,0027
$A_1[\frac{1}{mm^2}]$	-0,2418	0,0021
$A_2\,[\frac{1}{mm^4}]$	0,0382	0,0011

Tabelle 5.4: Vergleich der berechneten Kalibrierparameter für das Endoskop Olympus02 vor und nach dem Versuch

Wie in Abschnitt 2.2.3 beschrieben, ist die Längenmessabweichung ein geeignetes Maß zur Beurteilung von Messverfahren und deren Genauigkeiten. Für die Messung der Abstände der Marker auf der Kalibriertafel wird die Bildsequenz in die Auswertesoftware FalCon geladen und die Marker über die gesamte Sequenz hinweg verfolgt. Als Kameraparameter werden vorerst die berechneten Werte aus der Kalibrierung vor dem Versuch geladen. Für die Abstandsmessung werden die DOT-Marken D07 und D12 gewählt (vgl. Abbildung 5.2). Berechnet über die vorvermessenen 3D-Objektkoordinaten ergibt sich für diese ein Sollabstand von 122 mm.

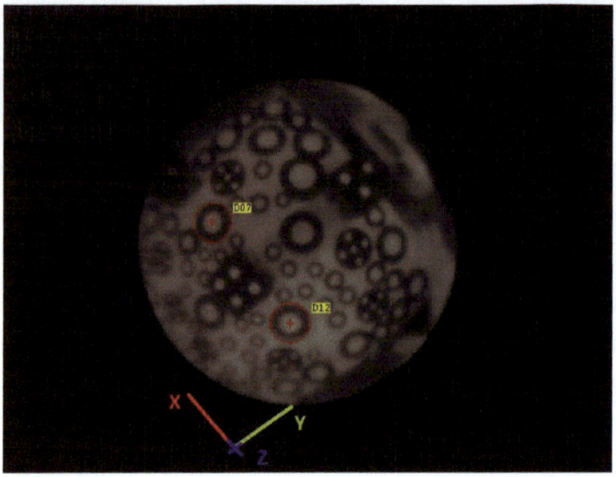

Abbildung 5.2: Ansicht der Kalibriertafel, beispielhaft für Olympus01 mit den beiden gewählten Punkten D07 und D12

In Abbildung 5.3 ist die aus der Bildsequenz gemessene Strecke für den Abstand D07-D12 in blau dargestellt. Die rote Linie kennzeichnet den Sollwert von 122 mm für diese Strecke.

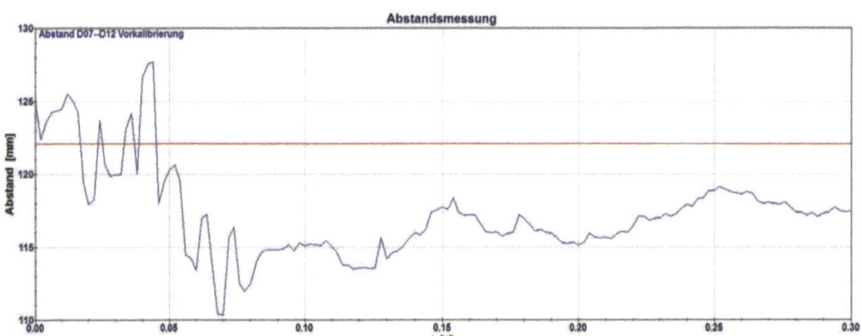

Abbildung 5.3: Gemessener Abstand [mm] zwischen den Markern D07 und D12 über den Gesamtverlauf der Aufzeichnung von 300 ms mit der vor dem Versuch durchgeführten Kalibrierung (blau) und dem Sollwert (rot) bei der berechneten äußeren Orientierung vor Versuch

Zum Zeitpunkt $t = 0$ ms taucht der Schlittenkeil in die Hydrobremse ein und das Abbremsen des Schlittens beginnt. Wie bereits im Geschwindigkeitsverlauf von Abbildung 4.6 zu sehen ist, endet diese Verzögerung etwa bei 100 ms. Im Abstandsdiagramm 5.3 ist zu erkennen, dass sich danach die Schwankungen verringern. Anfangs pendelt der gemessene Abstand um den Sollwert herum und rutscht bei 50 ms dann ab. Ursache dafür ist möglicherweise eine Bewegung in den Objektiven, wodurch sich deren innere Orientierung verändert haben könnte.

In Abbildung 5.4 ist nun die selbe Abstandsmessung in grün dargestellt, allerdings mit den Kalibrierdaten der Objektive, die nach dem Schlittenversuch ermittelt wurden. Für die innere Orientierung vor dem Versuch wurde die äußere Orientierung in Bild 0 berechnet und als konstant angenommen. Für die grüne Kurve mit der inneren Orientierung nach dem Versuch wurde die äußere Orientierung in Bild 300 berechnet und ebenfalls als konstant festgelegt. Der Verlauf der grüne Kurve ist gegenüber der blauen Kurve um rund 6 mm verschoben und passt ab dem Zeitpunkt 50 ms besser zu dem Sollwert von 122 mm. Diese Verschiebung deutet auf eine Veränderung in der inneren Orientierung und/oder äußeren Orientierung der Endoskope hin. Wie bereits beschrieben ist in den Tabellen 5.3 und 5.4 eine Verschiebung der Position des Bildhauptpunktes zu sehen. Überträgt man die Verschiebung in y-Richtung (Bildkoordinatensystem) in das Objektkoordinatensystem, ergibt sich eine Verschiebung von 4 mm. Dies entspricht nur einem Teil des Versatzes der beiden Kurven.

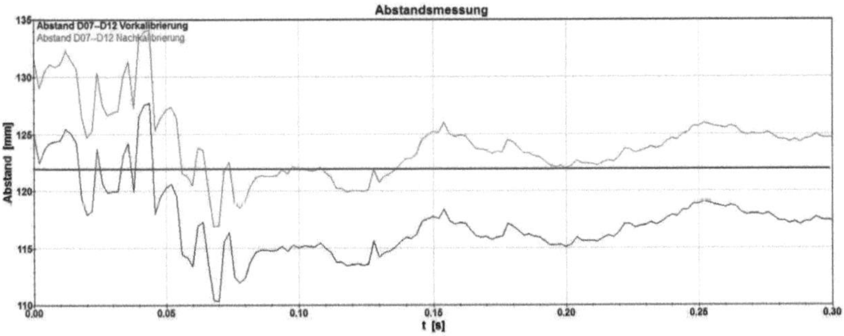

Abbildung 5.4: Gemessener Abstand [mm] zwischen den Markern D07 und D12 mit der inneren und äußeren Orientierung vor dem Versuch (blau), nach dem Versuch (grün) und dem Sollwert (rot)

Die Schwankungen der Werte für die Streckenmessung im Bereich 0 - 100 ms sind wahrscheinlich durch die Beschleunigungen zu erklären, die zu dieser Zeit auf den Aufbau wirken und somit Bewegungen in den Aufnahmesystemen bewirken. Bewegungen können dabei an der Kamera-Endoskop-Verbindung entstehen oder an den Endoskopspitzen, wo diese in dem Hartschaumbalken befestigt sind.

Das ständig sichtbare Passpunktfeld ermöglicht es, die äußere Orientierung für jedes aufgenommene Bild einzeln zu berechnen. Dabei wird die innere Orientierung genommen, die vor dem Versuch ermittelt wurde. Um mögliche Veränderungen der äußeren Orientierung aufdecken zu können, stellt man alle berechneten äußeren Orientierungen relativ zu der aus Bild 0 in einem Diagramm dar. Die Abbildungen 5.5 zeigen die Positionsveränderung der beiden Endoskope relativ in den drei Raumrichtungen X (blau), Y (rot) und Z (grün).

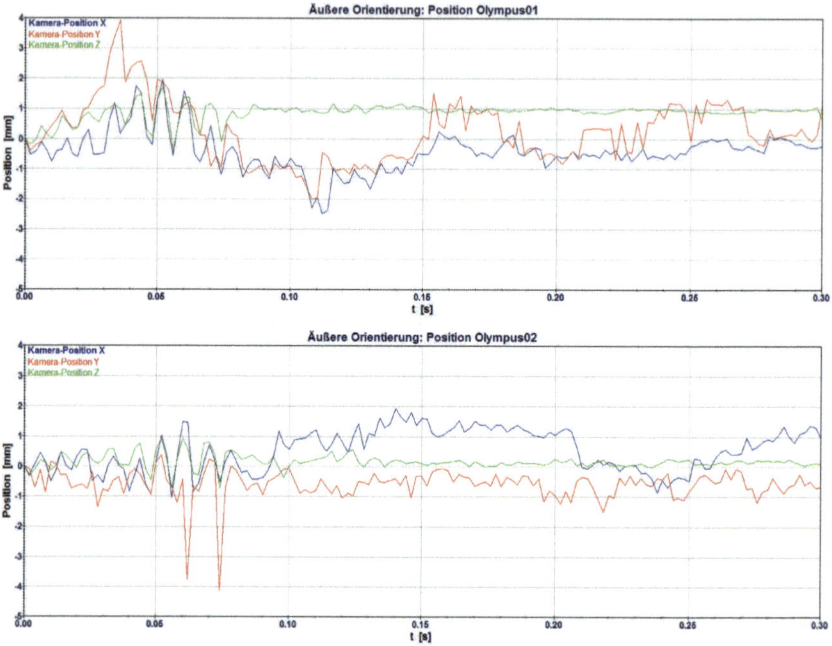

Abbildung 5.5: Positionsveränderung der beiden Endoskope Olympus01 (oben) und Olympus02 (unten) in allen drei Raumrichtungen

In der Darstellung der äußeren Orientierung von Olympus01 zeigt sich, dass die Position in y im Vergleich zu den anderen Raumrichtungen die größeren Positionsschwankungen im Bereich bis 60 ms hat. Dieser Zeitbereich entspricht im Versuch dem Zeitraum, in dem die größten Beschleunigungen wirken. Im weiteren Verlauf liegt die relative Veränderung der Position im Bereich von 1-2 mm. Die Z-Koordinate pendelt sich im weiteren Verlauf nach 70 ms relativ konstant um die 1 mm Abweichung relativ zur Anfangsposition ein. Einen vergleichbaren Verlauf hat die Position in X. Die äußere Orientierung von Olympus02 zeigt eine ähnliche Charakteristik. Die größten Schwankungen zeigen sich im Verlauf bis 70 ms, danach bleibt die Abweichung relativ zur Anfangsposition gleichmäßiger.

Diese dargestellten äußeren Orientierungen wurden mit den Kalibrierdaten berechnet, die vor dem Versuch ermittelt wurden. Werden diese Orientierungen nochmal mit den Kalibrierdaten nach dem Versuch berechnet, zeigen sich in der gleichen Darstellung für Olympus01 und Olympus02 vergleichbare Verläufe. Bei der Beurteilung der äußeren Orientierungen muss beachtet werden, dass die innere Orientierung konstant gehalten wird. Effekte einer instabilen inneren Orientierung des Aufnahmesystems werden aufgrund der Korrelationen zwischen innerer und äußerer Orientierung in die äußere Orientierung 'gedrückt'.

Zur Veranschaulichung lassen sich auch die Standardabweichungen der Position des Projektionszentrums darstellen. Diese sind in Abbildung 5.6 abgebildet. Die Verläufe zeigen für beide Endoskope relativ gleichmäßige Verläufe. In dem Verlauf von Olympus01 kann man einen leichten Anstieg der Standardabweichung im Bereich von 40 - 80 ms erkennen. Dies passt insgesamt zu dem Verlauf, den auch die Positionen der äußeren Orientierung gezeigt haben. Die einzelnen Ausreißer in der Standardabweichung sind wahrscheinlich auf unterschiedliche Bildmessgenauigkeiten in den Bildkoordinaten zurückzuführen.

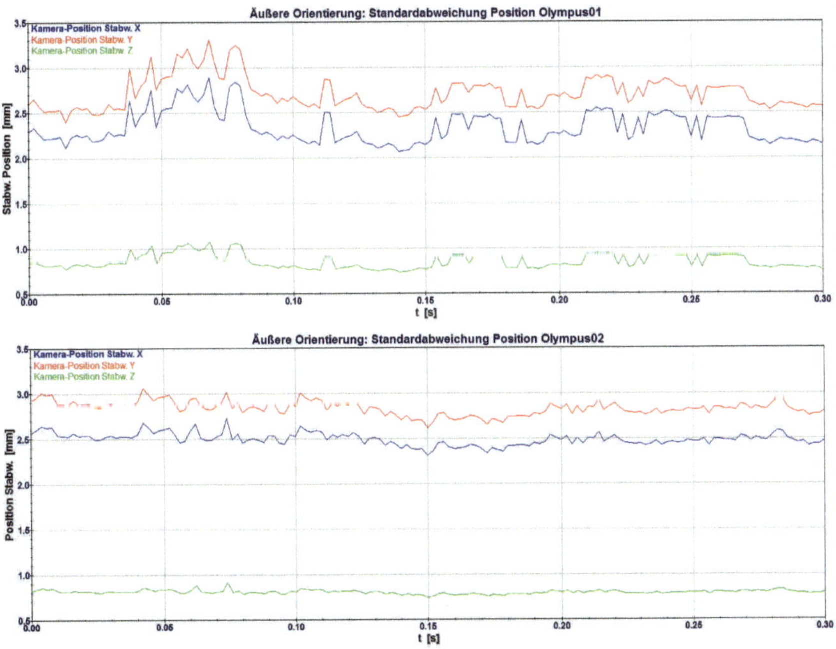

Abbildung 5.6: Standardabweichungen der äußeren Orientierung (Position) der beiden Endoskope Olympus01 (oben) und Olympus02 (unten) in allen drei Raumrichtungen

Neben den Translationen gehören auch die Rotationswinkel zu den sechs Parametern der äußeren Orientierung. In Abbildung 5.7 sind diese Rotationen wieder relativ zum ersten Bild dargestellt. Die Rotationswinkel von Olympus01 bewegen sich um maximal zwei Grad. Olympus02 zeigt den ruhigeren Verlauf bei Abweichungen von maximal 1° Grad. In den

Winkeln um die X- und Y-Achse sind auch bei Olympus02 die größten Schwankungen im Bereich bis 70 ms zu erkennen. Eine Abweichung um 2° Grad sind durchaus eine kritische Größenordnung, der Auswirkungen auf die Streckenmessung sich jedoch nicht im entsprechenden Ausmaß zeigen.

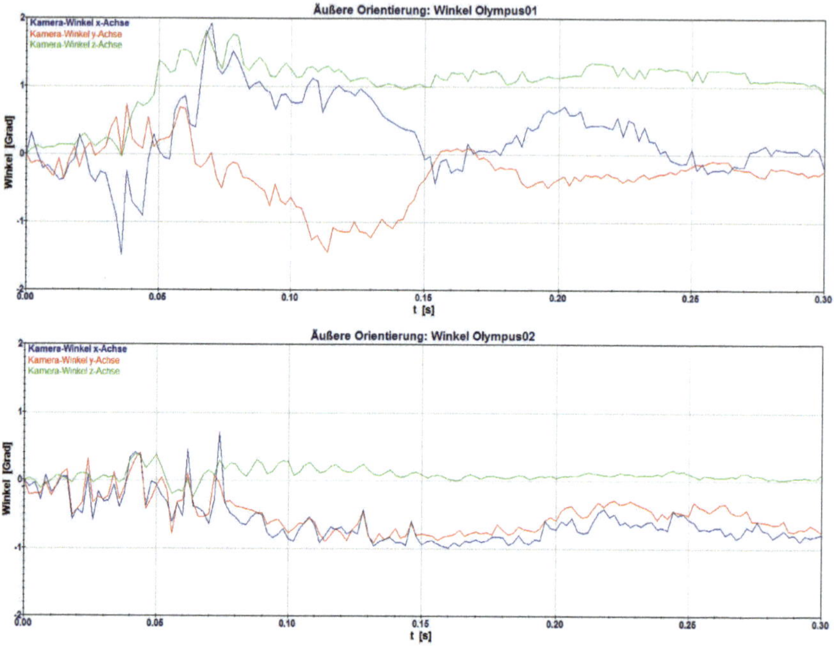

Abbildung 5.7: Rotationswinkel der äußeren Orientierung der beiden Endoskope Olympus01 (oben) und Olympus02 (unten) um die drei Raumachsen

In Abbildung 5.3 ist die Abstandsmessung mit einmaliger Berechnung der äußeren Orientierung in Bild 0 und der inneren Orientierung aus der Berechnung vor dem Versuch dargestellt. Im Vergleich dazu ist in Abbildung 5.8 die selbe Streckenmessung zu sehen, aber diesmal mit der äußeren Orientierung, die für jedes Bild berechnet wurde (grün). In rot ist wieder der Sollwert der Strecke dargestellt. Jetzt ist deutlich zu erkennen, dass die dynamische Berechnung der äußeren Orientierung zu einer genaueren Messung der gewünschten Strecke führt. Die relativ konstante Abweichung von etwa 2 mm im Vergleich zum Sollwert entspricht in etwa der Standardabweichung der äußeren Orientierung. Die gemessene Strecke liegt ziemlich genau parallel zur X-Achse des Objektkoordinatensystems, so dass sich Fehler in dieser Richtung entsprechend auswirken. Bei der dynamisch berechneten äußeren Orientierung zeigt sich bei der Streckenmessung kein Unterschied je nach dem, ob dafür die innere Orientierung vor oder nach dem Versuch verwendet wird. Die Genauigkeit von 2 mm für die Streckenmessung entspricht damit in etwa der Genauigkeitsabschätzung, die im Vorfeld für diese Versuchskonstellation durchgeführt wurde.

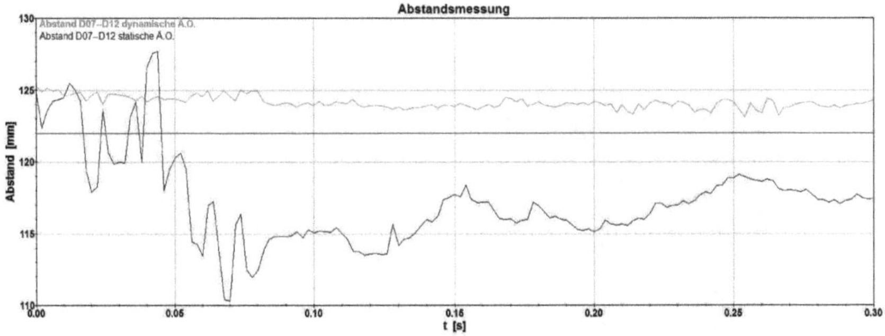

Abbildung 5.8: Gemessener Abstand [mm] zwischen den Markern D07 und D12 mit der vor dem Versuch durchgeführten Kalibrierung mit statischer (blau), dynamisch (grün) berechneter äußerer Orientierung und dem Sollwert (rot)

5.3 Bewegungsmessung im Fahrzeug

Im Gegensatz zum Schlittenversuch war es bei dem Fahrzeugversuch nicht möglich, die Kameras vor und nach dem Einsatz im Crashversuch zu kalibrieren. Daher sind in die Tabelle 5.5 nur die Ergebnisse der Kalibrierung dargestellt, die vor dem Versuch durchgeführt wurde.

Olympus01	Vorkalibrierung	
Parameter	Wert	Stabw. σ
$c\,[mm]$	-2,0671	0,0043
$x_H\,[mm]$	0,0497	0,0029
$y_H\,[mm]$	0,0174	0,0029
$A_1\,[\frac{1}{mm^2}]$	-0,1187	0,0012
$A_2\,[\frac{1}{mm^4}]$	0,0097	0,0003

Olympus02	Vorkalibrierung	
Parameter	Wert	Stabw. σ
$c\,[mm]$	-1,4584	0,0035
$x_H\,[mm]$	-0,0795	0,0030
$y_H\,[mm]$	-0,0752	0,0030
$A_1\,[\frac{1}{mm^2}]$	-0,2328	0,0020
$A_2\,[\frac{1}{mm^4}]$	0,0349	0,0009

Tabelle 5.5: Berechnete Kalibrierparameter für die beiden Endoskope vor dem Versuch

Die Werte für die innere Orientierung haben eine Größenordnung wie die in den Reihenkalibrierungen und beim Schlittenversuch bestimmten Parameter und weisen keine davon abweichenden Besonderheiten auf.

Das vermessene Passpunktfeld auf den zu beobachtenden Objekten kann zur Berechnung der äußeren Orientierung herangezogen werden. Dabei werden alle sichtbaren Punkte auf dem Sitzgestell und auf dem Dummyknie verwendet.

Wie auch beim Schlittenversuch soll zur Beurteilung der Messgenauigkeit der Abstand zwischen zwei Punkten bestimmt werden. Dazu werden die zwei Marker D5 und D6 auf dem Dummy-Unterschenkel herangezogen, da sie vergleichsweise lange in beiden Aufnahmen sichtbar sind (vgl. Abbildung 5.9).

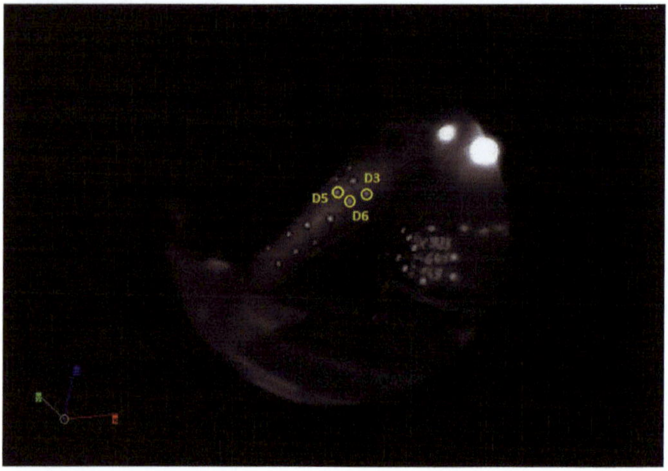

Abbildung 5.9: Position der Marker D3, D5 und D6 auf dem Dummy-Unterschenkel

Mit den vor dem Versuch ermittelten Kameraparametern und der statisch für Bild 0 berechneten äußeren Orientierung wird anhand der Versuchsfilme in FalCon der Abstand zwischen den Punkten D5 und D6 gemessen und in Abbildung 5.10 dargestellt. Als Vergleich dazu zeigt die rote Linie den Sollabstand von 24,2 mm zwischen den beiden Punkten.

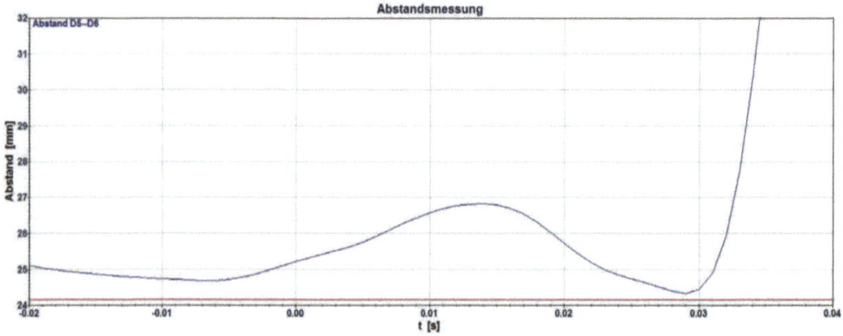

Abbildung 5.10: Abstandsmessung im Fahrzeugversuch zwischen den Punkten D5 - D6 (blau) im Vergleich zum Sollwert (rot)

Bei der Versuchsauswertung tauchen vor allem bei der Punktmessung Schwierigkeiten auf.

Mit dem zweiten Endoskop, das den kleineren Bildausschnitt hat, sind die Marken deutlich schlechter zu erkennen. Aufgrund der Beschleunigungen, die auf den Dummy wirken, bewegt sich dieser im Verlauf des Crash nach vorne. Bei dieser Vorwärtsbewegung des Dummies rutschen die markierten Punkte aus dem belichteten Bereich und sind damit nicht mehr sichtbar. In der Bildsequenz des zweiten Endoskops sind die Marken daher nur bis etwa 35 ms nach Aufprall (0 ms) messbar. Das entspricht bei einer Vorlaufzeit von 20ms vor Aufprall und einer Frequenz von 1000 Bildern/s insgesamt 55 Messwerten. Daher ist die Kurve in Abbildung 5.10 nur bis 35 ms dargestellt.

In dieser Abbildung ist auch zu sehen, dass die Messung von D5-D6 anfangs auf etwa 1 mm zum Sollwert passt. Ab etwa 10 ms beginnt die gemessene Strecke um bis zu 3 mm abzuweichen, ab 30 ms driftet die Kurve ab. Die Messgenauigkeit hängt von der Art der Bildmessung in den Versuchsfilmen ab. Ist eine automatische Messung durch den Punktsuchalgorithmus möglich, dann liegt die Streuung im Bereich um 1 mm (-20 bis 0 ms und 20 - 30 ms). Muss die Messung aufgrund schlechter Erkennbarkeit der Marken manuell durchgeführt werden, ist eine Genauigkeit von etwa 3 mm möglich (0 -20 ms). Ab 30 ms nimmt die Bildqualität noch deutlicher ab und ab ca. 35 ms sind die Marken auch nicht mehr manuell messbar.

Um diese Auswirkungen zu bestätigen, werden weitere Punkte auf dem Unterschenkel zum Vergleich herangezogen. Der gemessene Abstand zwischen den Punkten D3 und D6 ist in Abbildung 5.11 dargestellt. Die rote Linie markiert wieder den Sollabstand, der hier bei 25,5 mm liegt. Auch bei dieser Strecke wird eine Messgenauigkeit von knapp 1,5 mm erreicht.

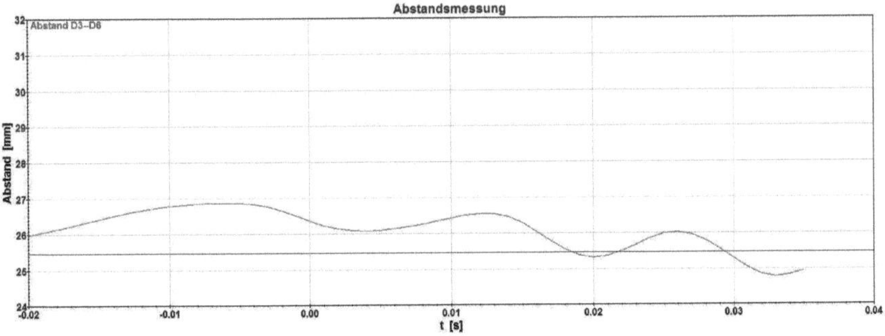

Abbildung 5.11: Abstandsmessung im Fahrzeugversuch zwischen den Punkten D3 - D6 (grün) im Vergleich zum Sollwert (rot)

Die beiden vorgestellten Punktabstände können innerhalb der ersten 30 ms sehr gut bestimmt werden. Plottet man die beiden Messungen in ein Diagramm, wie in Abbildung 5.12 dargestellt, dann ist zu sehen, dass die Messwerte für den Abstand zwischen D3 und D6 den gleichmäßigeren Verlauf haben und nicht gegen Ende nach unten abrutschen. Das spricht ebenfalls dafür, dass die Ursache für diese Abweichung die schlechte Punktmessgenauigkeit in den Aufnahmen ist und nicht in einer unzureichend bestimmten inneren oder äußeren Orientierung begründet ist.

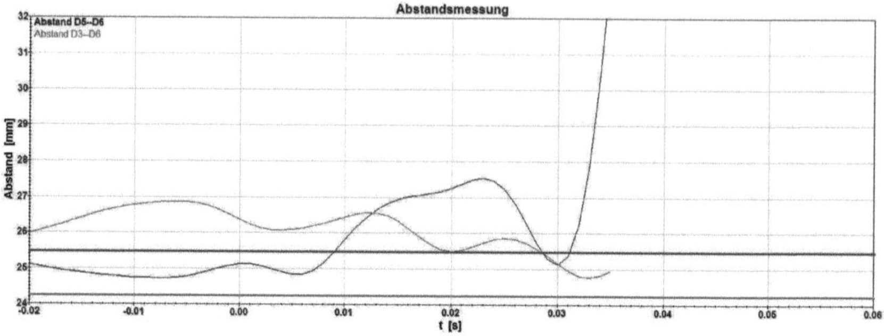

Abbildung 5.12: Abstandsmessung im Fahrzeugversuch zwischen den Punkten D5 - D6 (blau) und D3 - D6 (grün) im Vergleich zum Sollwert (rot)

Durch die nicht mehr identifizierbaren Objektpunkte ist nicht nur die Messung der Objektpunkte am Dummybein für die Bewegungserfassung nicht mehr möglich. Auch kann die äußere Orientierung nicht kontinuierlich gemessen werden, wenn keine stabilen Passpunkte zur Verfügung stehen. Für präzise Messungen spielt vor allem die Stabilität der relativen Orientierung der beiden Endoskopspitzen eine Rolle. Ist die relative Orientierung zwischen den beiden Endoskopspitzen einmalig berechnet und danach konstant, so können relative Maße, wie bspw. die Abstände zweier Punkte, auch dann noch bestimmt werden, wenn kein Passpunktfeld zur Verfügung steht. Die Halterung, in der die beiden Endoskope für den Versuch befestigt sind, ist deutlich besser geeignet als die provisorische Befestigung aus dem Schlittenversuch. Wenn sich dies auch in den folgenden Schlittenversuchen bestätigt, könnte damit auf ein ständig vorhandenes Passpunktfeld verzichtet werden.

Ein weiterer Effekt, der bei dem Fahrzeugversuch deutlich stärker auftritt als bei dem Schlittenversuch, ist eine Relativbewegung des runden Endoskopausschnittes innerhalb des rechteckigen Bildausschnittes, der klar in den Versuchsaufnahmen zu sehen ist. Beim Einbau im Fahrzeug wurden die Kameras aus Platzgründen quer zur Bewegungsrichtung aufgebaut. Dadurch wirken die Kräfte, die beim Crash entstehen, quer auf die Schraubverbindung zwischen Kamera und Endoskop und verursachen vermutlich diese Bewegung.

5.4 Bewegungskompensation Kreisausschnitt

5.4.1 Auswirkungen Kameraausrichtung

Um beurteilen zu können, ob die Ausrichtung der Kamera längs der Bewegungsrichtung oder quer dazu Auswirkungen auf die Bewegung des Kreisausschnittes haben, bietet es sich an, die berechneten Mittelpunkte des Kreisausschnittes zu betrachten. Die Mittelpunkte werden, wie in Abschnitt 4.4.2 beschrieben, berechnet und anschließend relativ zum ersten Bild gesetzt, wodurch die Relativbewegungen dargestellt werden können. Die folgenden Diagramme zeigen diese Relativbewegung in der Einheit [Pixel] über die Zeit [ms] für die längs ansetzenden Beschleunigungen (vgl. Abbildung 5.13) und anschließend für die quer ansetzenden Beschleunigungen (vgl. Abbildung 5.14). Das jeweils obere Diagramm stellt die Kurve der Relativbewegung zum Sensor in x-Richtung dar, das untere zeigt die y-Bewegung, abgebildet jeweils im Bildkoordinatensystem. Die Diagramme zeigen jeweils die Kurven der Relativbewegung beider Endoskope zum Sensor in einem Versuch in x- und y-Richtung des Bildkoordinatensystems.

Anhand dieser Kurven lässt sich die Bewegung des Kreisausschnittes nachvollziehen. Bei den Diagrammen 5.13 ist ein unregelmäßiges Zittern oder Schwingen im Bereich von 4-5 Pixel zu sehen, das eine Relativbewegung zwischen Endoskop und Kamera bestätigt. Es ist davon auszugehen, dass diese Bewegung durch Belastungen hervorgerufen wird, die in der Regel beim realen Versuchseinsatz aufgrund der Beschleunigungen vorliegen und daher dem normalen Belastungsniveau entsprechen.

Bei den Kurven, die bei quer ausgerichteten Kameras erzeugt wurden (vgl. Abbildung 5.14), ist im Vergleich zu den ersten Kurven in x-Richtung ein deutlicher Ausschlag zu sehen. Die Darstellung in y-Richtung ist unauffällig und entspricht visuell denen bei den längs ausgerichteten Kameras.

Diese vereinfachte Darstellung der Kreisausschnittsbewegung bestätigt die Vermutung, dass quer ansetzende Beschleunigungen größere Auswirkungen auf die Verbindung zwischen Endoskop und Kamera haben.

Um zu prüfen, ob diese Schwankungen auch in den Messergebnissen zu sehen sind, wird wie schon bei den Schlittenversuchen zum Stereomesssystem eine bekannte Strecke auf der Kalibriertafel gemessen und mit dem Sollwert verglichen. Dabei wird entsprechend den vorhergehenden Messungen vorgegangen, bei denen zwei Punkte über den gesamten Versuchsfilm im Bild gemessen werden. Für die Berechnung der äußeren Orientierung werden die Passpunkte auf der Kalibriertafel verwendet. Die Streckenmessung wird der Sollstrecke gegenübergestellt, um die Messgenauigkeit zu ermitteln.

In Abbildung 5.15 ist die Streckenmessung zwischen den Punkten M08 und D12 dargestellt, die in dem Versuch mit den quer ansetzenden Kräften durchgeführt wurde. Die blaue Kurve

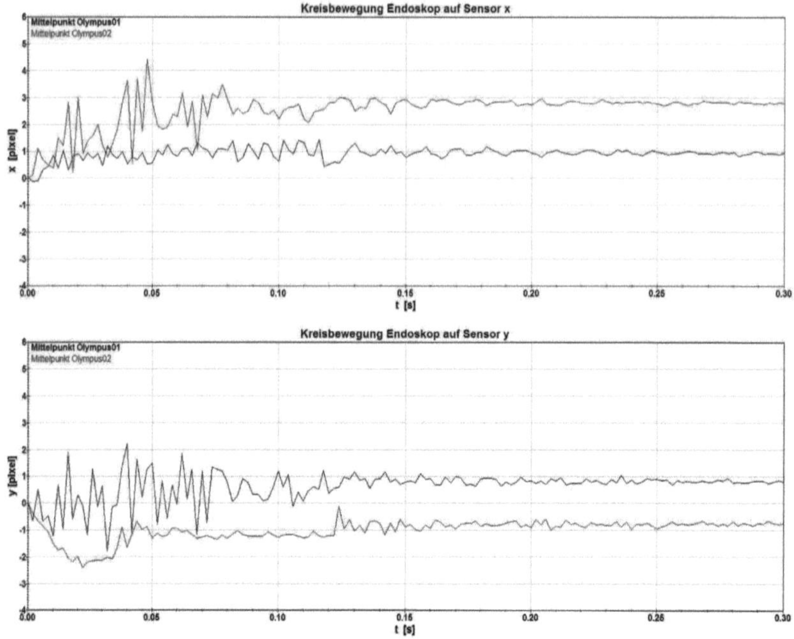

Abbildung 5.13: Relativbewegung der Kreismittelpunkte der Versuchsaufnahmen bei längs angreifenden Beschleunigungen in x (oben) und y (unten) (Bildkoordinatensystem)

zeigt dabei die Streckenmessung bei statisch in Bild 0 berechneter äußerer Orientierung, während die grüne Kurve die Streckenmessung bei dynamisch berechneter äußerer Orientierung zeigt. Die rote Linie zeigt den Sollwert der gemessenen Strecke von 131 mm. Für die innere Orientierung wurde die Kalibrierung verwendet, die vor dem Versuch durchgeführt wurde.

In der Messung, die bei statischer äußerer Orientierung ermittelt wurde (blau), ist ein deutlicher Ausreißer im Bereich von 30-50 ms zu sehen. Dies entspricht demselben Zeitraum, in dem auch in Abbildung 5.14 der maximale Ausschlag der Kreisbewegung auftritt. Die bei dynamischer äußerer Orientierung berechnete Kurve zeigt eine Messgenauigkeit für die Strecke von etwa 1 mm. Die grüne Kurve zeigt, dass Auswirkungen, die durch Relativbewegungen zwischen Endoskop und Kamera entstehen, durch die äußere Orientierung, die für jedes Bild bestimmt wird, kompensiert werden.

Damit kann festgehalten werden, dass starke Bewegungen zwischen Endoskop und Kamera die Messungen so beeinflussen, dass sie relevante Auswirkungen auf die Messgenauigkeit haben.

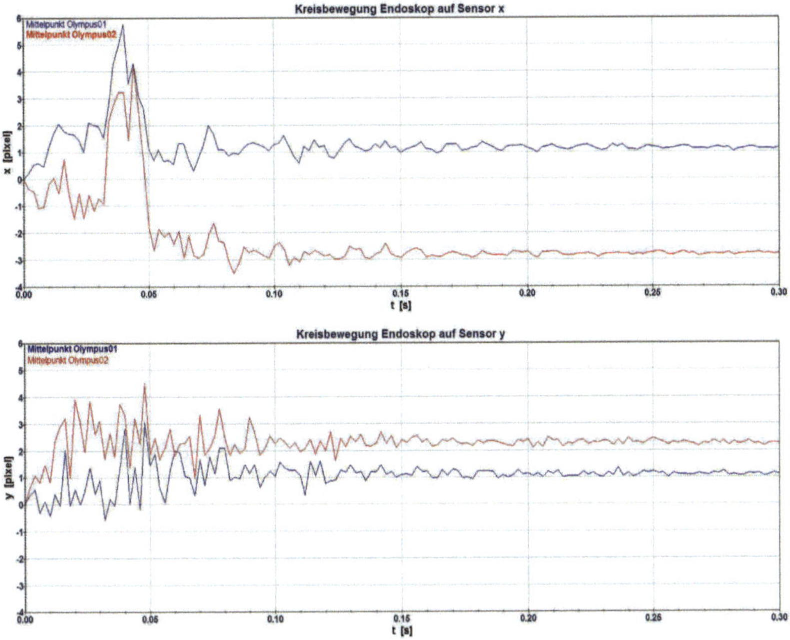

Abbildung 5.14: Relativbewegung der Kreismittelpunkte der Versuchsaufnahmen bei quer angreifenden Beschleunigungen in x (oben) und y (unten) (Bildkoordinatensystem)

5.4.2 Kompensation der Kamera-Endoskop-Bewegung

Im folgenden Abschnitt wird geprüft, ob eine rechnerische Korrektur der ermittelten Relativbewegung zwischen Endoskop und Sensor positive Auswirkungen auf die Genauigkeit der Streckenmessung hat. Da vorher die Annahme getroffen wurde, dass die Bewegung des Kreisausschnittes einer Verschiebung des Bildhauptpunktes entspricht, ist bei der Korrektur der Messdaten zu erwarten, dass die Auswirkungen der Bildhauptpunktverschiebung korrigiert werden. Ist die relative Orientierung der beiden Endoskopspitzen stabil, müssen bei korrigierter Bildhauptpunktlage vergleichbare Ergebnisse wie bei dynamisch berechneter äußerer Orientierung zu erreichen sein. Um dies zu prüfen, werden die gemessenen Bildkoordinaten für jedes Bild in x und y um die ermittelte Relativbewegung korrigiert. Bild 0 bleibt dabei unverändert, da es der Bezugspunkt für die Ermittlung der Relativbewegung des Kreisausschnittes ist.

In Abbildung 5.16 ist die korrigierte Messkurve bei statisch berechneter äußerer Orientierung (orange) zu sehen, im Vergleich dazu nochmal die unkorrigierte Messkurve in blau.

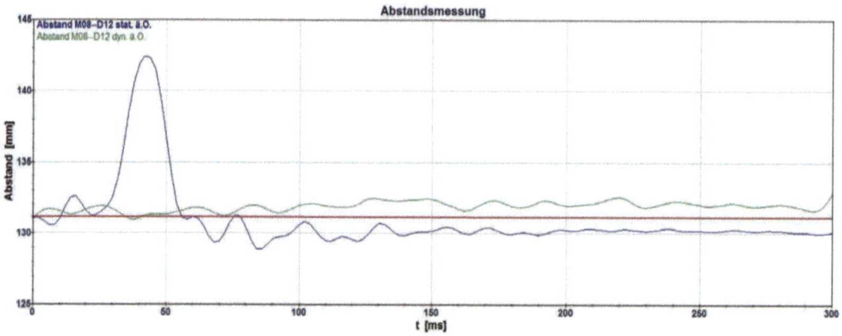

Abbildung 5.15: Gemessener Abstand [mm] zwischen den Markern M08 und D12 bei statischer ä.O. (blau) und dynamischer ä.O. (grün) im Vergleich zum Sollwert (rot)

Die orangene Kurve zeigt im Bereich bis 60 ms immer noch einen vom Sollwert leicht abweichenden Verlauf. Dies sind vermutlich Auswirkungen einer nicht konstanten äußeren Orientierung. Im weiteren Verlauf zeigt sich, dass die Korrektur die Streckenmessung so verbessert hat, dass die Abweichungen unter 1 mm liegen.

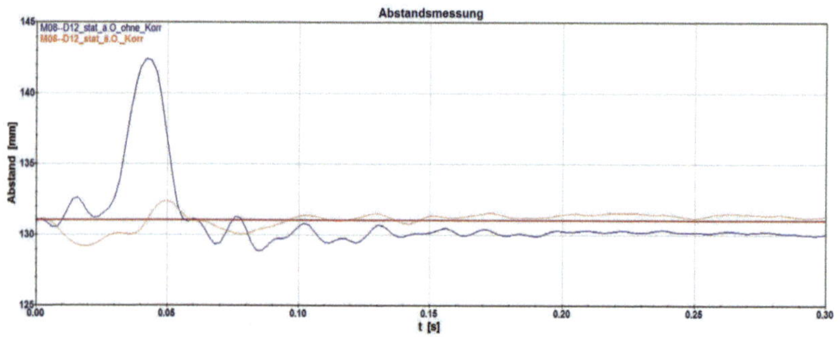

Abbildung 5.16: Gemessener Abstand [mm] zwischen den Markern M08 und D12 bei stat. ä.O. mit unkorrigierten Bildkoordinaten (blau) und korrigierten Bildkoordinaten (orange) im Vergleich zum Sollwert (rot)

Wird die korrigierte Messkurve, die bei statischer äußerer Orientierung berechnet wurde, der Messung gegenübergestellt, die mit unkorrigierten Bildkoordinaten und dynamischer äußerer Orientierung ermittelt wurde, erhält man Abbildung 5.17. Hier zeigt sich, dass mit beiden Methoden gleich gute Ergebnisse mit einer Messgenauigkeit von etwa 1 mm erreicht werden können.

Wendet man diese Form der Korrektur der Bildkoordinaten auf die Streckenmessung aus dem ersten Schlittenversuch (vgl. 5.2.2, Abbildung 5.3) an, ergeben sich die in Abbildung

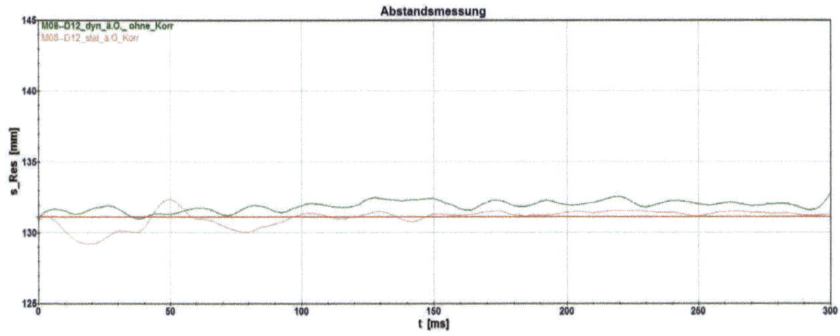

Abbildung 5.17: Gemessener Abstand [mm] zwischen den Markern M08 und D12 bei statischer ä.O. mit korrigierten Bildkoord. (orange) und dynamischer ä.O.mit unkorrigierten Bildkoord. (blau) im Vergleich zum Sollwert (rot)

5.18 dargestellten Ergebnisse. In blau ist dabei die Streckenmessung mit den Daten der Vorkalibrierung zu sehen, demgegenüber in rot die Kurve mit den korrigierten Bildkoordinaten. In grün ist die Streckenmessung mit der inneren Orientierung der Nachkalibrierung dargestellt.

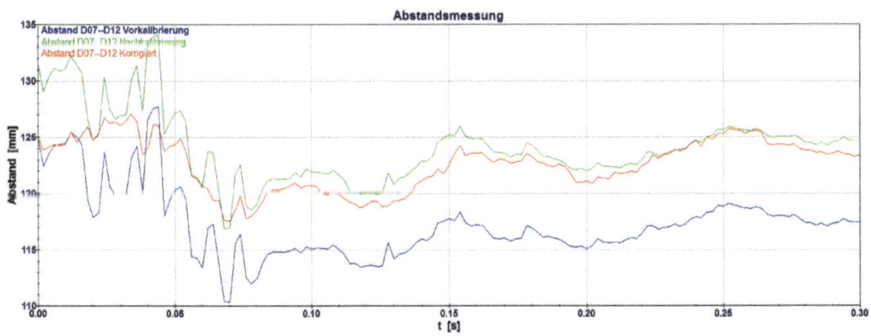

Abbildung 5.18: Streckenmessung D07-D12 bei stat. ä.O. mit der i.O. der Vorkalibrierung (blau), als korrigierte Streckenmessung (rot) und die Streckenmessung mit der i.O. der Nachkalibrierung (grün)

Bei der Auswertung dieses Schlittenversuchs wurde anhand der Charakteristik der Messkurve und anhand des Vergleichs der Vor- und Nachkalibrierung bereits vermutet, dass es zu einer Verschiebung des Bildhauptpunktes kam (vgl. Tabellen 5.3 und 5.4). Der Vergleich der ursprünglichen und der korrigierten Kurve bestätigt diese Vermutung. Nach der Korrektur der Bildkoordinaten passt die Messung deutlich besser zu dem Verlauf, den die grüne Messkurve mit der inneren Orientierung der Nachkalibrierung hat. Damit bestätigt sich noch einmal, dass die Korrektur die Bewegung des Bildhauptpunktes kompensiert.

Die verbleibenden Abweichungen vom Sollwert sind weiterhin der nicht konstanten äußeren Orientierung zuzuschreiben.

6 Bewertung

Im folgenden Kapitel 6 werden die durchgeführten Untersuchungen und Experimente und die daraus ermittelten Ergebnisse beurteilt und bewertet.

6.1 Geometrische Kalibrierung

Ziel der dargestellten Untersuchungen war es, aufzuzeigen, dass sich die innere Orientierung der Aufnahmesysteme mit einer Genauigkeit bestimmen lässt, die für präzise Messungen mit einer inneren Genauigkeit von unter 5 mm notwendig ist. Dazu wurden verschiedene Kalibrierungen unter identischen Bedingungen durchgeführt und die Ergebnisse verglichen. Dabei zeigte sich, dass die Parameter der tangentialen Verzeichnung und die Koordinaten des Bildhauptpunktes stark korrelieren. Daher wurden bei allen weiteren Kalibrierungen nur noch die Kammerkonstante, der Bildhauptpunkt sowie die Parameter der radialen Verzeichnung bestimmt. In den Standardabweichungen des Bildhauptpunktes zeigt sich keine Verbesserung durch das Weglassen der weiteren Verzeichnungsparameter. Die Werte für den Bildhauptpunkt veränderten sich jedoch, was darauf hindeutet, dass die Parameter jetzt zuverlässig bestimmt werden können. Dies wurde mit Hilfe eines Signifikanztests bestätigt.

Die Darstellung der Ergebnisse erfolgte beispielhaft für ein Endoskop. Die Vorgehensweise war bei der Kalibrierung beider Endoskope jedoch identisch und die Ergebnisse sind in ihrer Qualität vergleichbar. Obwohl die beiden Endoskope theoretisch baugleich sind, zeigen sich unterschiedliche Eigenschaften, wie eine kleinere Kammerkonstante für das zweite Endoskop ($c_1 \approx 2\,mm$; $c_2 \approx 1,5\,mm$) und eine größere radiale Verzeichnung. Dies ist laut Hersteller auf Schwankungen in der Fertigung zurückzuführen.

Für die Beschreibung der Abbildungseigenschaften der Aufnahmesysteme wurden die Brown' schen Parameter gewählt. Die Qualität der Kalibrierergebnisse sowie der späteren Messungen im Versuch zeigt, dass die geometrischen Eigenschaften des Endoskop-Kameraverbundes insoweit der Zentralperspektive entsprechen, dass sie durch die Brown'schen Parameter hinreichend gut beschrieben werden können. Damit konnte gezeigt werden, dass Endoskope für präzise Messungen geeignet sind.

6.2 Stereomesssystem Schlitten

Bei dieser Versuchskonstellation wurde die Eignung der Endoskope als Stereomesssystem untersucht und gezeigt, welche Genauigkeit mit dem Messsystem unter dynamischen Bedingungen erzielt werden kann. Dabei wurde durch die Kalibrierung des optischen Systems vor und nach dem Versuch betrachtet, wie stabil die innere Orientierung trotz der wirkenden Beschleunigungen ist. Ebenso wurde der unterschiedliche Einfluss der statisch berechneten und der kontinuierlich berechneten äußeren Orientierung auf die Streckenmessgenauigkeit untersucht.

Zu Anfang zeigte der Vergleich der inneren Orientierungen, die vor und nach Versuch bestimmt wurden, dass bei Kammerkonstante und Verzeichnungsparameter keine dauerhaften Veränderungen aufgetreten sind. In wieweit sich die Parameter der inneren Orientierung im Laufe des Versuchs verändert haben, kann nicht überprüft werden. Die Unterschiede vorher zu nachher bewegen sich in der Größenordnung der Standardabweichungen und sind damit zu vernachlässigen. Die Position des Bildhauptpunktes hatte sich im Vergleich jedoch verändert. Da die Standardabweichungen deutlich geringer als die festgestellte Differenz waren und vorher und nachher eine vergleichbare Größenordnung haben, lag die Vermutung nahe, dass die Ursache nicht in einer fehlerhaften Berechnung zu suchen ist, sondern eine reale Verschiebung der Bildhauptpunkte vorlag. In der Gegenüberstellung der beiden Kurven, die mit den verschiedenen inneren Orientierungen berechnet wurden, zeigte sich ein Versatz der beiden Kurven. Der Verlauf war jedoch identisch. Die äußere Orientierung wurde jeweils zu dem Zeitpunkt einmalig berechnet und dann als konstant angenommen, zu dem auch die innere Orientierung gehörte. Ob die Bildhauptpunktverschiebung allein den Versatz zwischen den Kurven erklärt, die einmal mit der Kalibrierung vor und einmal mit der Kalibrierung nach dem Versuch berechnet wurden, lässt sich nicht definitiv feststellen. Die Verschiebung der Bildhauptpunkte entspricht im Objektkoordinatensystem einer Verschiebung von 4 mm. Dies ist kleiner als der reale Versatz zwischen beiden Kurven.

Der zweite Aspekt eines stabilen Versuchsaufbaus ist die Position der Endoskopspitze und damit die äußere Orientierung des Gesamtsystems. Der Vergleich der gemessenen Strecken mit fester äußerer Orientierung und kontinuierlich berechneter äußerer Orientierung zeigt deutlich, dass bessere Ergebnisse erzielt werden, wenn die äußere Orientierung für jedes Bild einzeln berechnet wird. Ob dabei nun die Kalibrierdaten verwendet werden, die vor dem Versuch berechnet wurden, oder die Nachkalibrierung, hat kaum Veränderungen bei der gemessenen Strecke zur Folge. Aufgrund der Korrelationen zwischen innerer und äußerer Orientierung können Instabilitäten in der inneren Orientierung nicht von Auswirkungen in der äußeren Orientierung getrennt werden. Die sichtbaren Veränderungen des Bildhauptpunktes werden durch die kontinuierliche Berechnung der äußeren Orientierung für jedes Bild rechnerisch kompensiert. Ist eine kontinuierliche Berechnung nicht möglich, müssen Kammerkonstante und Verzeichnung als konstant beibehalten, der Bildhauptpunkt jedoch kontinuierlich Bild für Bild bestimmt werden.

Da Bewegungen des Aufnahmesystems bei den im Crash wirkenden Beschleunigungen nie ganz vermieden werden können, sollte beim praktischen Messeinsatz wenn möglich eine Art Passpunktfeld im Objektbereich vorhanden sein, um kontinuierlich die äußere Orientierung berechnen zu können. Wenn dies beim Versuch nicht realisierbar ist, muss eine Halterung entwickelt werden, die sicherstellt, dass die Relativposition der beiden Endoskope konstant gehalten werden kann. Über Referenzpunkte kann vor dem Versuch die relative Orientierung berechnet und als durch die stabile Befestigung als konstant betrachtet werden.

Die Ergebnisse zeigen, dass die beiden Endoskope als Stereomesssystem einsetzbar sind. Durch geeignete Maßnahmen, wie stabile relative Orientierung muss die Genauigkeit gesteigert werden, um die geforderten 5 mm einzuhalten. Zu beachten ist auch, dass die Messung in der selben Objektebene erfolgte in der auch die Passpunkte lagen. Daher können keine Aussagen über die Messgenauigkeit in der Raumtiefe getroffen werden.

6.3 Bewegungsmessung im Fahrzeug

Der Einsatz der Endoskope als Stereomesssystem im Fahrzeug sollte dessen Eignung unter realen Bedingungen prüfen. Dabei wurde ein Testszenario gewählt, wie es auch später zum Anwendungsbereich des Messsystems gehören soll. Es zeigte sich, dass theoretisch gleiche Ergebnisse wie im Schlittenversuch erzielt werden können, jedoch Schwierigkeiten bei den Umgebungsbedingungen auftraten. Im Gegensatz zum Schlitten, bei dem das gesamte Objekt durch die Schlittenlichtanlage ausgeleuchtet wurde, muss im Fahrzeug der zu beobachtenden Bereich mit onboard LED-Einheiten ausgeleuchtet werden. Mit nur einer LED-Einheit für den zu beobachtenden Objektbereich, steht beim Fahrzeug damit weniger Licht zur Verfügung. Dadurch waren die Passpunkte im hinteren Objektbereich nicht sichtbar. Auch bewegte sich das Objekt im Verlauf des Crashtests aus dem Lichtkegel der LED heraus. Die Position der Objektmarken waren deshalb sehr ungünstig und schon nach 35 der insgesamt 300 ms Versuchsaufnahmen gar nicht mehr in den Aufnahmen messbar.

Aufgrund der mangelhaften Bildqualität war die Streckenmessung nicht über die gesamten 35 ms hinweg durch automatische Punktdetektion möglich, und die Marken mussten zwischendurch manuell im Bild aufgesetzt werden. Dies resultierte in der etwas geringeren Genauigkeit von 3 mm für die Streckenmessung, im Vergleich zur 1 mm bei automatischer Punktdetektion. Die manuelle Messung lieferte zwar geringere Genauigkeiten, doch entsprachen auch diese noch den Anforderungen, die zu Anfang an das Messsystem gestellt wurden.

Ein weiterer Unterschied zum Schlittenversuch ist die Beweglichkeit des Passpunktfeldes. Bei dem Schlittenversuch war das Passpunktfeld, dargestellt durch die festgeschraubte Kalibriertafel, konstant und keinen Veränderungen unterworfen. Bei dem Fahrzeugversuch waren einige Passpunkte seitlich auf dem Fahrersitz angebracht, der sich im Laufe des Crash nach vorne bewegte. Die Messung von absoluten Positionen im Koordinatensystem der Passpunkte ist damit nicht möglich. Beachtet man aber, dass das Passpunktfeld zwar nicht relativ zum Fahrzeug, aber in sich stabil ist, und auch die Metallhalterung die beiden Endoskope relativ zueinander in der gleichen Position hält, ist die Messung von Strecken möglich. Dies bestätigen die aufgezeigten Ergebnisse.

Wie bei der Ergebnisdarstellung erwähnt, ist in den Aufnahmen der Endoskope deutlich eine Relativbewegung zwischen Endoskop und Kamerasensor zu erkennen. Sie ist vermutlich wegen der Querausrichtung der Kameras stärker ausgeprägt als bei den Aufnahmen des Schlittenversuchs. Ob diese Relativbewegung Einfluss auf die Messungen hatte, lässt sich bei dem Fahrzeugversuch nicht darstellen, da die Messungen nur bis 35 ms möglich waren. Die deutlich sichtbaren Bewegungen des Kreisausschnittes beginnen jedoch erst nach den 35 ms, da die wirkenden Kräfte vorher noch zu gering waren.

Die entworfene Halterung für die Endoskope bietet für den Einsatz eine stabile und leicht zu befestigende Lösung zur Verwendung im Fahrzeug. Wer die Mittel zur Anfertigung einer Metall-Halterung für Aufzeichnungssysteme, wie insbesondere Endoskope, nicht zur Verfügung hat, kann auch einen provisorischen Aufbau, wie er im Schlittenversuch verwendet wird, nutzen. Wie in Abschnitt 6.2 besprochen, liefert er trotz des Optimierungsbedarfs bzgl. der Stabilität brauchbare Ergebnisse. Zu beachten ist jeweils, dass die Endoskopspitzen stabil angebracht sind und vor Beschädigungen geschützt sind.

Wie nach dem Schlittenversuch bereits zu erwarten war, ist das Messen von Abständen mit dem Stereomesssystem auch unter realistischeren Bedingungen wie im Fahrzeug mit einer Genauigkeit von mehreren Millimetern möglich. Der Versuch zeigt deutlich, dass beim Einbau in Fahrzeuginnenräume die mangelnde Ausleuchtung der einschränkende Faktor ist. Wenn die Punktmessung aufgrund schlechter Bildqualität nicht automatisch erfolgen kann, sind damit Genauigkeitseinbußen verbunden. Im Extremfall ist die Messung von signalisierten Punkten gar nicht möglich.

6.4 Bewegungskompensation Kreisausschnitt

Bereits im Schlittenversuch konnte die Instabilität des Bildhauptpunktes nachgewiesen werden, und auch der Fahrzeugversuch zeigte eine deutliche Bewegung des Endoskopausschnitts relativ zum Kamerasensor. Diese Verschiebung entsteht durch eine Instabilität der Verbindung zwischen Endoskop und Kamera. Dies hat eine Verschiebung der optischen Achse und damit eine Verschiebung des Bildhauptpunktes zur Folge. Durch die Veränderung des Bildhauptpunktes verändert sich auch der Bezugspunkt der Bildkoordinaten und verfälscht damit das Messergebnis.

Die beiden durchgeführten Schlittenversuche sollten ermitteln, ob die Ausrichtung der Kameras einen erfassbaren Einfluss auf die Intensität der Bewegung zwischen Endoskop und Kamera hat. Außerdem sollte eine Methode überprüft werden, die es ermöglicht, diese Relativbewegung in den Ergebnissen zu korrigieren.

Die dargestellten Streckenmessungen zeigten bei quer ausgerichteten Kameras Schwankungen um 2-3 Pixel und einen deutlichen Ausschlag bis zu 7 Pixel. Die Messung bei längs zur Beschleunigungsrichtung aufgebauten Kameras zeigen bis 70ms regelmäßigere Schwankungen um die 3-4 Pixel. Es konnte ebenfalls gezeigt werden, dass diese Einflüsse auf die Streckenmessung durch kontinuierliche Berechnung der äußeren Orientierung der Endoskope kompensiert werden können. Jedoch bieten die wenigsten Versuchskonstellationen die Möglichkeit, die äußere Orientierung in jedem Bild zu berechnen, da typischerweise keine geeigneten Passpunkte zur Verfügung stehen. Es wurde daher eine Methode untersucht, die Bewegung des Kreisausschnittes auf dem Sensor rechnerisch zu erfassen und daraus eine Korrektur der Bildhauptpunktverschiebung abzuleiten. Zu diesem Zweck wurde für jedes Bild der Mittelpunkt des Endoskopausschnittes bestimmt. Da Bildhauptpunkt und Kreismittelpunkt nicht identisch sind, wurde nur die relative Verschiebung des Kreismittelpunktes zu Bild 0 erfasst und als Korrekturwert der Bildkoordinaten angebracht. Die Darstellung der korrigierten Streckenmessung im Vergleich zur unkorrigierten bestätigte die Effektivität der Korrekturmethode. Die korrigierte Messkurve zeigte im Anfangsbereich bis 100 ms noch immer leichte Schwankungen und eine Messgenauigkeit von etwa 1 mm. Aufgrund der hohen Beschleunigungen, die in diesem Zeitbereich auf das System wirken, könnte die Abweichung auf eine nicht ganz stabile relative Orientierung zwischen den beiden Endoskopen zurückzuführen sein. Im weiteren Verlauf sinkt die Abweichung zur Sollstrecke jedoch auf unter 1 mm. Ein weiterer Vergleich der korrigierten Streckenmessung und der Messung bei kontinuierlich berechneter äußerer Orientierung zeigten, dass beide Varianten ähnlich gute, wenn auch nicht identische Ergebnisse liefern. Beide Methoden haben eine Genauigkeit von etwa ± 1 mm.

Durch die angewandten Korrekturen konnte gezeigt werden, dass sowohl mit kontinuierlich berechneter äußerer Orientierung als auch durch Korrektur der Bewegung zwischen Endoskop und Kamera Streckenmessungen mit einer Genauigkeit von etwa 1 mm möglich sind.

7 Schlussfolgerungen und Ausblick

Das Ziel dieser Arbeit war es, ein Messsystem zu entwickeln, das es ermöglicht, präzise Messungen von dreidimensionalen Abständen im Innenraum eines Fahrzeugs während eines Crashversuchs mit einer inneren Genauigkeit unter 5 mm durchzuführen. Zu diesem Zweck wurden Highspeedkameras mit Glasfaserendoskopen kombiniert, um die Vorteile beider Systeme zu vereinen. Die Herausforderungen lagen in der Abbildungsgeometrie der Glasfaserendoskope in Kombination mit Highspeedkameras und in der Orientierung des Messsystems in einer sich deformierenden Umgebung im Fahrzeug. Zur Lösung dieser Fragen wurden verschiedene Untersuchungen durchgeführt.

Für die mathematische Beschreibung der Abbildungsgeometrie wurde die Zentralprojektion vorausgesetzt. Mit Hilfe mehrerer Testfeldkalibrierungen unter identischen Bedingungen wurden vergleichbare Ergebnisse für die Parameter der inneren Orientierung erzeugt und statistisch ausgewertet. Dabei zeigte sich, dass einzelne Kalibrierparameter nicht signifikant bestimmt werden konnten. Bei nachfolgenden Kalibrierungen wurden nur noch die Parameter der Kammerkonstanten, des Bildhauptpunktes und der radialen Verzeichnung bestimmt. Dabei stellte sich heraus, dass die geometrische Abbildung in einem Glasfaserendoskop soweit der Zentralprojektion entspricht, dass die Bestimmung der inneren Orientierung zuverlässig und mit ausreichender Genauigkeit möglich ist.

Nach der Bestätigung, dass die Kalibriergenauigkeit der einzelnen Glasfaserendoskope für präzise Messungen ausreichend ist, wurde der Ansatz auf ein Stereomesssystem erweitert, um damit im Crash dreidimensionale Bewegungen erfassen zu können. Der erste Versuch war ein Schlittenversuch, der die Aspekte Stabilität der inneren Orientierung und erreichbare Genauigkeit des Messsystems erfassen sollte. Dafür wurden die beiden Aufnahmesysteme vor und nach dem Versuch kalibriert und die Ergebnisse einander gegenübergestellt. Dabei zeigte sich, dass Kammerkonstante und Verzeichnung im Rahmen ihrer Standardabweichung konstant bleiben, der Bildhauptpunkt sich jedoch verändert. Dies erklärt sich damit, dass die Parameter der Kammerkonstante und der Verzeichnung vorrangig vom Endoskop abhängen. Veränderungen dieser Parameter werden durch Veränderungen im Inneren des Endoskop selbst verursacht. Die Position des Bildhauptpunktes hängt hingegen von der Verbindung zwischen Endoskop und Kamera ab, da sie den Schnittpunkt der optischen Achse mit der Bildebene definiert.

Für die Bestimmung der Messgenauigkeit wurde eine Strecke auf der Kalibriertafel gemessen, deren Sollabstand bekannt war und daher als Referenzmaß herangezogen werden konnte. Die Tafel war als zu beobachtendes Objekt im Sichtbereich des Endoskops auf dem Schlitten montiert. Bei der Analyse der Streckenmessung zeigte sich, dass diese zum einen durch die Verschiebung der Bildhauptpunkte und zum anderen durch sich ändernde äußere Orientierungen der beiden Endoskope während des Versuchs beeinflusst war. In der Darstellung der Streckenmessung bei einmalig berechneter äußerer Orientierung war zu sehen, dass die Messung Schwankungen aufweist, vor allem in den Zeitbereichen, in denen das System hohen Beschleunigungen unterliegt. Werden die Parameter der in die Berechnung eingehenden inneren Orientierung variiert, die vor und nach dem Versuch ermittelt wurden, ist ein konstanter Versatz der beiden Kurven um 6 mm zu sehen. Dies bestätigte die Verschiebung des Bildhauptpunktes, die schon beim Vergleich der Parameter festgestellt wurde.

Durch die dauerhaft sichtbare Kalibriertafel mit den darauf befindlichen Passpunkten war es möglich, die äußere Orientierung der beiden Endoskope über den ganzen Versuch hinweg für jedes Bild zu berechnen. Der Vergleich der berechneten äußeren Orientierungen und deren Standardabweichungen mit den Zeitbereichen, die die hohen Messabweichungen von der Sollstrecke aufwiesen, zeigte, dass sich diese Zeitbereiche überschnitten. Die Schwankungen der Streckenmessung resultierten also aus den schlechten äußeren Orientierungen. Die Berechnung der identischen Strecke mit der explizit für jedes Bild berechneten äußeren Orientierung zeigte, dass durch diese Methode eine Streckenmessung mit einer Genauigkeit von etwa 3 mm in der Passpunktebene möglich ist. Der Versatz, der durch die Verschiebung des Bildhauptpunktes verursacht wurde, war bei der Messkurve mit dynamisch berechneter äußerer Orientierung nicht zu sehen, unabhängig davon, ob man die Parameter der Vor- oder Nachkalibrierung verwendete. Die Effekte der inneren Orientierung werden aufgrund der Korrelationen durch die äußere Orientierung kompensiert.

Im folgenden Versuch wurde das Stereomesssystem in einem Fahrzeugcrash eingesetzt. Zu diesem Zweck wurde eine Halterung für die Endoskopspitzen entworfen, die die beiden Endoskope parallel zueinander anordnet und stabil in ihrer Position hält. Bei einem Einbau im Fahrzeug herrschen für das Messsystem reale Versuchsbedingungen. Hier sind die Umgebungsbedingungen, wie bspw. Ausleuchtung, Ausrichtung der Systeme und Bildfrequenzen, den Verfügbarkeiten und Möglichkeiten eines Crashtests unterworfen.

Für die Auswertung wurde wie auf dem Schlitten eine Referenzstrecke auf dem Objekt gemessen, um vergleichbare Daten zu erhalten. Es zeigte sich, dass die nicht ausreichende Beleuchtung des Objektes die Bildqualität der Glasfaserendoskope so verschlechterte, dass die Messung der Punkte nicht über die gesamte Bildsequenz möglich war. In den messbaren Bereichen wurde jedoch eine Messgenauigkeit von 1-3 mm für die Punktabstände erreicht.

Darüber hinaus wurde bei dem Fahrzeugversuch die Instabilität der Verbindung zwischen Endoskop und Kamera noch deutlicher. In den Versuchsfilmen sah man eine Relativbewegung des kreisförmigen Endoskopausschnittes relativ zum Sensor. Diese Bewegung hatte eine Veränderung der optischen Achse und damit eine Veränderung des Bildhauptpunktes zur Folge. Diese Hauptpunktverschiebung war bereits im Schlittenversuch erkannt worden. Dass dieser Effekt beim Fahrzeugversuch deutlicher zu sehen war, lag an den quer zur Fahrtrichtung ausgerichteten Kameras, bei denen die Verbindung zwischen Kamera und Endoskop stärkeren Belastungen ausgesetzt ist. Dies wurde durch zwei Schlittenversuche bestätigt, bei denen jeweils nur die Ausrichtung der Kameras verändert wurde. Bei den quer ausgerichteten Systemen war im Bereich mit den größten Beschleunigungen ein deutlicher Ausschlag zu sehen.

Bei einem sich verändernden Bildhauptpunkt ist auch der Bezugspunkt für die gemessenen Bildkoordinaten nicht korrekt. Dieser Effekt wird dann kompensiert, wenn eine Berechnung der äußeren Orientierung für jedes Versuchsbild möglich ist. Da aber gerade in beengten Bereichen im Fahrzeug kein stabiles unveränderliches Passpunktfeld zur Verfügung steht, muss diese Fehlerquelle ausgeschlossen werden, um auch dort präzise Messungen durchführen zu können. Zu diesem Zweck wurde eine Methode zur Korrektur dieses Bezugspunktes entworfen. Diese Methode basiert auf der Annahme, dass sich der Kreismittelpunkt des Endoskopausschnitts und der Bildhauptpunkt durch die Erschütterungen identisch verschieben. Es wurde nun für jedes Versuchsbild der Endoskope der Mittelpunkt des Endoskopausschnittes berechnet und dessen Verschiebung relativ zu Bild 0 bestimmt. Dadurch ergaben sich für jedes Bild Korrekturwerte, die an die entsprechenden Bildkoordinaten angebracht wurden.

Als Resultat zeigte sich, dass der Ausschlag der Querbeschleunigung, der zuvor noch in der Streckenmessung zu sehen war, beseitigt werden konnte. Im weiteren Verlauf der Messung konnte die Genauigkeit der Streckenmessung deutlich unter einen 1 mm gesenkt werden. Die Korrektur der Bildkoordinaten erzielt damit ähnlich gute Ergebnisse, wie sie auch bei kontinuierlich berechneter äußerer Orientierung erreicht werden können.

Mit Hilfe der beschriebenen Untersuchungen konnte gezeigt werden, dass sich Endoskope sehr gut für dynamische Messungen im Fahrzeuginnenraum eignen und für viele Anwendungen ausreichende Genauigkeiten erzielt werden können. Die optimistische Genauigkeitsabschätzung, die im Vorfeld erfolgte, konnte in der Praxis nicht erreicht werden. Einflussfaktoren, wie instabile innere und äußere Orientierung, beeinflussen die Messgenauigkeiten. Mit Hilfe der gewonnenen Erkenntnisse bspw. aus der geometrischen Kalibrierung wären detaillierte Genauigkeitabschätzungen möglich.

Bei den Untersuchungen wurden einige Verbesserungspotentiale des Messsystems aufgedeckt. Die derzeit noch manuelle Korrekturmethode sollte automatisiert werden, so dass der damit verbundene Zeitaufwand und die Fehleranfälligkeit durch zuverlässigere Methoden reduziert werden. Alternativ dazu kann die Ursache dieser Relativverschiebung zwischen Endoskop und Kamera beseitigt werden. Eine Möglichkeit wäre, Endoskop und Kamera bautechnisch zu einem nicht trennbaren System zu verbinden.

Das größte Verbesserungspotential bieten jedoch die Bildqualität bzw. die ausreichende Belichtung der zu beobachtenden Objekte. Dabei wäre eine Möglichkeit, zusätzliche Lichtquellen in den Objektbereich zu verbringen, was jedoch den Vorteil des geringen Platzbedarfs der Endoskope relativiert. Auch sollte über eine in die Endoskopspitze integrierte Lichtquelle nachgedacht werden, die in einem Fahrzeug betrieben werden kann. Dazu eignen sich bspw. an der Endoskopspitze angebrachte LEDs anstelle eines integrierten Lichtleiters.

Für die hier erfolgten Untersuchungen war die Wahl des Bildleiters und der verwendeten Kameras auf die beschriebenen Geräte gefallen. Alternativ könnten andere Faserbildleiter untersucht werden, die einen besseren Einkopplungswirkungsgrad für Licht aufweisen. Die ständige Weiterentwicklung von Kameras, Sensoren und Bildleitern bietet für die Zukunft viele Möglichkeiten, die Potentiale solcher Messsysteme zu steigern.

Die durchgeführten Untersuchungen und die daraus gezogenen Schlussfolgerungen zeigen, dass sich auch bei der Anwendung von Endoskopen in dem eher speziellen Bereich wie den Crashversuchen alles um Phillip Bozzinis drei Kernfragen (vgl. Kapitel 2.3) dreht:

Licht? Bildqualität? Orientierung?

Diese Fragen sind eng mit den Eigenschaften der Endoskope verbunden und werden daher auch in Zukunft die zu lösenden Probleme beschreiben und laufend Potential für Ideen und Maßnahmen zur Verbesserung bieten.

Literaturverzeichnis

A. Abdalbari, X. Huang, und J. Ren. *Endoscopy-MR Image Fusion for Image Guided Procedures*. International Journal of Biomedical Imaging, S. 23–32, 2013.

B. Bröcher. *Faseroptische Sensor zur Prozessüberwachung in der Mikrosystemtechnik*. Dissertation, RWTH Aachen, 2000.

D.C. Brown. *Close-Range Camera Calibration*. Photogrammetric Engineering, S. 855–866, 1971.

T. Deschamps und L.D. Cohen. *Fast extraction of minimal paths in 3D images and applications to virtual endoscopy*. Medical Image Analysis, Volume 5, S. 281–299, 2001.

F. Doglietto, D.M. Prevedello, J.A. Jane, J. Han, und E.R. Laws. *A brief history of endoscopic transsphenoidal surgery from Philipp Bozzini to the First World Congress of Endoscopic Skull Base Surgery*. Neurosurgical Focus, S. 1–6, 2005.

U. Ehrbächer. *Voruntersuchungen für ein Messsystem zur Analyse von Strömungen in Sedimentporen mittels digitaler Bildfolge*. Diplomarbeit (unveröffentlicht), Ruprecht-Karls Universität Heidelberg, 1999.

R. Godding. *Ein photogrammetrisches Verfahren zur Überprüfung und Kalibrierung digitaler Bildaufnahmesysteme*. Zeitschrift für Photogrammetrie und Fernerkundung (ZPF), Heft 2, S. 82–90, 1993.

L. Gossner und M. Jung. *Chromoendoskopie, Vergrößerungsendoskopie, optische Biopsie*. Der Internist, Band 42, S. 484–493, 2001.

S. Haase, C. Forman, T. Kligus, R. Bammer, L. Maier-Hein, und J. Hornegger. *ToF/RGB Sensor Fusion for Augmented 3-D Endoscopy using a Fully Automatic Calibration Scheme*. Bildverarbeitung für die Medizin, S. 467–474, 2012.

H. Haneishi, Y. Yagihashi, und Y. Miyake. *A New Method for Distortion Correction of Electronic Endocope Images*. Proceedings - IEEE Transactions on Medical Imaging, Volume 14, S. 548–555, 1995.

M. Hayashibe, N. Suzuki, und Y. Nakamura. *Laser-scan endoscope system for intraoperative geometry acquisition and surgical robot safety management*. Medical Image Analysis, S. 509–519, 2006.

J. Heikkilä und O. Silvén. *A Four-step Camera Calibration Procedure with Implicit Image Correction.* Proceedings IEEE Conference on Computer Vision and Pattern Recognition, S. 1106–1112, 1997.

J. P. Helferty, C. Zhang, G. McLennan, und W.E. Higgings. *Videoendoscopic Distortion Correction and Its Application to Virtual Guidance of Endoscopy.* Proceedings IEEE Transactions on Medical Imaging, Volume 20, No. 7, S. 605–617, 2001.

M. Huenerbein, B. Gretschel, B. Rau, und P.M. Schlag. *Traumareduktion durch minimal invasive Chirurgie.* Der Chirurg, Volume 74, S. 282–289, 2003.

A. Hussong, T. Ortmaier, und O. Majdani. *Bildbasierte Navigationsdatenkorrektur für endoskopische Augmented Reality Anwendungen.* Bildverarbeitung für die Medizin, S. 351–355, 2009.

C. Janßen. *Ein miniaturisiertes Endoskop-Stereomesssystem zur Strömungsvisualisierung in Kiesbetten.* Diplomarbeit (unveröffentlicht), Ruprecht-Karls-Universität Heidelberg, 2000.

M. Khan, U. Ecke, und J. Mann. *Der Einsatz eines optischen Navigationssystems in der Nasennebenhöhlenchirurgie.* HNO, Springer-Verlag, Band 51, S. 209–215, 2003.

A. Kilian. *Konzepte zur Entwicklung einer neuen Generation medzinischer Endoskope.* Dissertation, Fachgebiet Mikrotechnik, Technische Universität Berlin, 2005.

M. Klar. *Design of an endoscopic 3D Particle Tracking Velocimetry system and its application in flow measurement within a gravel layer.* Dissertation, Ruprecht-Karl Universität Heidelberg, 2005.

T. Koehler, S. Haase, S. Bauer, J. Wasza, T. Kilgus, L. Maier-Hein, H. Feußner, und J. Hornegger. *ToF Meets RGB: Novel Multi-Sensor Super-Resolution for Hybrid 3-D Endoscopy.* Medical Image Computing and Computer-Assisted Intervention - MICCAI, S. 139–146, 2013.

W. Konen, M. Scholz, und S. Tombrock. *Robust registration procedure for endoscopic imaging.* Medical Image Analysis, Volume 11, No. 6, S. 526–539, 2007.

C. Kuebler, J. Raczkowsky, und H. Wörn. *Rekonstruktion eines 3D-Modells aus endoskopischen Bildfolgen.* Bildverarbeitung für die Medizin, S. 211–214, 2002.

F. Kunze. *Entwicklung und Validierung von Methoden zur Kalibrierung eines Endoskop-Kameraverbundes.* Diplomarbeit (unveröffentlicht), Technische Universität Dresden, 2011.

R. Lange. *3D Time-of-flight distance measurement with custom solid-state image sensors in CMOS/CCD-technology.* Dissertation, Fakultät Elektrotechnik und Informatik, Universität Siegen, 2006.

T. Luhmann. *Nahbereichsphotogrammetrie - Grundlagen, Methoden und Anwendungen.* Herbert Wichmann Verlag, Heidelberg, 2003.

J. Oeken und J. Törpel. *Der Einfluss der Navigation auf die endoskopische NNH-Chirurgie.* HNO, Springer-Verlag, Band 56, S. 151–157, 2008.

S.C. Park, M.K. Park, und M.G. Kang. *Super-resolution image reconstruction: a technical overview.* Signal Processing Magazine, IEEE, Volume 20, S. 21–36, 2003.

J. Penne, K. Höller, M. Stürmer, T. Schrauder, A. Schneider, R. Engelbrecht, und J. Hornegger. *Time-of-flight 3-D Endoscopy.* Medical Image Computing and Computer-Assisted Intervention - MICCAI, S. 467–474, 2009.

G. Pott. *Koloskopie-Atlas.* Schattauer GmbH, 2004.

K. Raguse. *Dreidimensionale photogrammetrische Auswertung asynchron aufgenommener Bildsequenzen mittels Punktverfolgungsverfahren.* Dissertation, Universität Hannover, Schriftreihe der DGK, Reihe C, Heft 602, 2007.

K. Raguse, P. Derpmann-Hagenström, P. Köller, und A. Wolf. *Abgleich von Versuch und Simulation beim Crashtest anhand präzise überlagerter Visualisierung von Film und Berechnungsanimation.* VDI Berichte 1900, S. 181–190, 2005.

U. Rautenberg und M. Wiggenhagen. *Abnahme und Überwachung photogrammetrischer Messsysteme nach VDI 2634.* Photogrammetrie - Fernerkundung - Geoinformation, Heft 2, S. 117–124, 2002.

J. Reling. *Technical Endoscopy - Systems-Components-Applications.* verlage moderne industrie AG & Co, Landsberg am Lech, 1988.

F. Remondino und C.S. Fraser. *Digital camera calibration methods: considerations and comparisons.* International Archives of Photogrammetry and Remote Sensing, Volume 36/5, S. 266–272, 2006.

TW. Ridler und S. Calvard. *Picture thresholding using an iterative selection method.* IEEE Transactions on Systems, Man and Cybernetics, Volume 8, S. 630 – 632, 1978.

S. Rupp, C. Winter, und M. Elter. *Geometrische Kalibrierung von Faser-Endoskopen.* In: Löffler, M. (Hrsg.) Klinische Forschung vernetzen. 51. Jahrestagung der Deutschen Gesellschaft für Medizinische Informatik, Biometrie und Epidemiologie, GMDS Leipzig, 2006a.

S. Rupp, C. Winter, und T. Wittenberg. *Camera Calibration from Fiberscopic View with Accuracy Evaluations.* Bildverarbeitung für die Medizin, S. 424–428, 2006b.

A. Schick, F. Forster, und M. Stockmann. *3D Measurement in the Field of Endoscopy.* Proceedings of Optical Measurement Systems for Industrial Inspection VII, Volume 8082, 2011.

T. Stehle, D. Truhn, T. Aach, C. Trautwein, und J. Tischendorf. *Camera Calibration for Fish-Eye Lenses in Endoscopy with an Application to 3D Reconstruction.* Proceedings IEEE International Symposium on Biomedical Imaging (ISBI), S. 1176–1179, 2007.

C. Steiner, M. Wiggenhagen, und C. Heipke. *Untersuchungen zur Bestimmung der inneren Orientierung von Glasfaserendoskopen.* In: Luhmann, T., Müller, C., (Hrsg). Photogrammetrie-Laserscanning-Optische 3D Messtechnik. Beiträge der Oldenburger 3D-Tage. Wichmann Verlag Heidelberg, S. 312–319, 2012.

W. Steiner und P. Ambrosch. *Endoscopic Laser Surgery of the upper Aerodigestive Tract.* Georg Thieme Verlag, Stuttgart, 2000.

K. Storz. *Industrie Endoskopie.* Karl Storz Produktkatalog, 2010.

R. Y. Tsai. *A versatile camera calibration technique for high-accuracy 3D machine vision metrology using off-the-shelf TV cameras and lenses.* IEEE Journal of Robotics and Automation, Volume 3, S. 323–344, 1987.

C. Wengert, P.C. Cattin, J.M. Duff, C. Baur, und G. Székely. *Markerless endoscopic registration and referencing.* Proceedings Medical Image Computing and Computer-Assisted Intervention - MICCAI, S. 816–823, 2006a.

C. Wengert, M. Reeff, P. Cattin, und G. Székely. *Fully automatic endoscope calibration for intraoperative use.* Bildverarbeitung für die Medizin, S. 419–423, 2006b.

C. Wengert, L. Bossard, A. Häberling, C. Baur, G. Szekely, und P. Cattin. *Endoscopic Navigation for Minimally Invasive Suturing.* In: Ayache, N., Ourselin, S., Maeder, A. (Hrsg.) MICCAI, Volume 4792, S. 620–627, 2007.

C. Winter. *Automatische Bildrestaurierung für faseroptische Systeme am Beispiel von Fiberskopen.* Dissertation, Technische Fakultät der Universität Erlangen-Nürnberg. Fraunhofer-IRB-Verlag, 2008.

C. Winter, S. Rupp, C. Münzenmayer, K. Spinnler, H. Gerhäuser, und T. Wittenberg. *Adaptive Rasterreduktion durch spektrale Ausblendung in Aufnahmen von flexiblen Endoskopen.* Bildverarbeitung für die Medizin, S. 45–49, 2005.

C. Winter, S. Weisensel, S. Rupp, und T. Wittenberg. *Auflösungssteigerung von fiberskopischen Bildsequenzen im Ortsraum.* Bildverarbeitung für die Medizin, S. 429–433, 2006.

T. Wittenberg, S. Schubert, K. Spinnler, R. Schmidt, und U. Eyholdt. *Vergleich von quantitativen 3D-Messungen in der klinischen Endoskopie am Beispiel des Kehlkopfes.* Bildverarbeitung für die Medizin, S. 39–42, 2002.

T. Yoshida, H. Inoue, A. Hara, A. Umezawa, K. Ohtsuka, S. Endo, Y. Tamegai, H. Kashida, J. Tanaka, und S. Kudo. *Newly developed 3D endoscopic system: preliminary experience.* Endoscopy 35, S. 181–184, 2003.

M. Young. *Optik, Laser, Wellenleiter.* Springer Verlag Berlin Heidelberg New York, 1997.

C. Zhang, J.P. Helferty, G. Mclennan, und W.E. Higgins. *Nonlinear distortion correction in endoscopic video images.* Proceedings International Conference on Image Processing, Volume 2, S. 439–442, 2000.

Z. Zhang. *A flexible new technique for camera calibration.* IEEE Transactions on Pattern Analysis and Machine Vision, Volume 22, S. 1330–1334, 2000.

V. Zylka-Menhorn und K. Koch. *Die Entwicklung der Endoskopie.* Endoskopische Operationen, S. 8–17, 1996.

Abbildungsverzeichnis

Tabellenverzeichnis

Danksagung

Mein erster Dank gilt meinem Doktorvater Professor Dr. Christian Heipke für seine Geduld und sein Vertrauen in meine Arbeit und die antreibenden Worte zum richtigen Zeitpunkt.

Professor Dr. Ingo Neumann und Professor Dr. Stefan Hinz danke ich für die Übernahme der Gutachten, Professor Dr. Winrich Voß danke ich für die Übernahme des Vorsitzes der Prüfungskommission.

Dr. Manfred Wiggenhagen habe ich für seine stets verfügbaren fachlichen und überfachlichen Ratschläge, Anregungen und Ideen zu meiner Arbeit, persönlich und am Telefon zu danken.

Den Mitarbeitern vom IPI danke für ihre offene und kollegiale Art, ihre Bereitschaft, mich immer wieder zu integrieren, wenn ich in Hannover vorbeigeschaut habe.

Sehr zu danken habe ich meinen Vorgesetzten bei der AUDI AG, Albert Karges und Manfred Prinz, für die Unterstützung bei der Erstellung dieser Arbeit und die Zuversicht in deren Vollendung. Martin Neff danke ich für die Initiierung dieser Dissertation und meine Aufnahme in die Audi Familie. Josef Kerscher und Peter Müller sowie den Kollegen in meinem Team und im Prüffeld schulde ich Dank für ihre Geduld, ihr offenes Ohr und ihre Fähigkeiten, meine Ideen und Gedanken zu Prüfaufbauten und Bauteilen in die Realität umzusetzen.

Besonderer Dank gilt auch Dr. Karsten Raguse von Volkswagen, der mich als Betreuer sozusagen adoptiert hat und dessen Vorschläge und Anmerkungen diese Arbeit so viel besser gemacht haben.

Ich danke meinen Freunden, allen voran Michael, Christian, Meike und Steffi für ihren Humor, ihre Unterstützung und Rücksicht und dafür, dass sie immer für mich da sind.

Meinen Eltern, denen ich diese Arbeit widme, danke ich für ihr stetes Vertrauen in mich und meine Fähigkeiten und dafür, dass sie mir stets alle Wege offen halten.

Meinen Geschwistern Axel, Ina und Michael danke ich für ihre Einzigartigkeit. Ohne euch hätte ich diesen Weg nicht gehen können.

Lebenslauf

Name	Christina Steiner
Geburtsdatum	17.01.1984
Geburtsort	Erlangen

Beruflicher Werdegang

seit 01/2013	Entwicklungsingenieurin bei der AUDI AG, Ingolstadt
01/2010 - 12/2012	Doktorandin bei der AUDI AG, Ingolstadt Hochschulkooperation mit dem Institut für Photogrammetrie und GeoInformatik der Leibniz Universität Hannover
11/2008 - 2/2009	Praktikantin bei der AUDI AG

Ausbildung

3/2009 - 8/2009	Diplomarbeit in Kooperation mit der AUDI AG, Ingolstadt Thema: Implementierung der 3D-Filmauswertung in der Fahrzeugsicherheit der AUDI AG
10/2003 - 9/2009	Studium der Geodäsie und Geoinformatik an der Universität Karlsruhe (TH)
1994 - 2003	Gymnasium Neutraubling, Abschluss: Abitur
1990 - 1994	Grundschule Regensburg - Burgweinting